改变，从心开始

立 品 图 书·自觉·觉他
www.tobebooks.net
出 品

飞跃

从积习和恐惧中解脱

（美）佩玛·丘卓　著
谭耀智　译

深圳报业集团出版社
SHENZHEN PRESS GROUP PUBLISHING HOUSE

责任编辑：陈　曦
特约编辑：罗　熠
装帧设计：九章文化

图书在版编目（CIP）数据

飞跃：从积习和恐惧中解脱／（美）丘卓著；谭耀智译．
—— 深圳：深圳报业集团出版社，2015.3
ISBN 978-7-80709-657-3

Ⅰ．①飞…　Ⅱ．①丘…　②谭…　Ⅲ．①情绪－自我控制－通俗读物　Ⅳ．①B842.6-49

中国版本图书馆 CIP 数据核字（2015）第 049193 号

飞跃：从积习和恐惧中解脱

Feiyue:Cong Jixi He Kongju Zhong Jietuo

（美）佩玛·丘卓　著
谭耀智　译

深圳报业集团出版社出版发行
（518009　深圳市深南大道 6008 号）
三河市华晨印务有限公司印制　新华书店经销
2015 年 7 月第 1 版　2015 年 7 月第 1 次印刷
开本：787mm × 1092mm　1/16
印张：8.75　字数：73 千字
ISBN 978-7-80709-657-3　定价：38.00 元

目　录

1

喂养正确的狼

1 喂养正确的狼

作为人类，我们是能够摆脱积习，彼此关爱的。我们有清醒地带着觉知生活的能力，但你也许注意到了，我们也有一种强烈的沉睡习性。我们似乎不断站在十字路口，不停地做着走哪条路的选择。每一刻，我们都能做出选择，是变得更清明、快乐，还是更迷惘、痛苦。

为了能巧妙地做出选择，许多人转向了各式各样的心灵修行，希望能够找到对治困境的力量，让人生变得轻松起来。不过在选择如何生活时，重要的也许是不要忘记那个更宏大的背景：我们热爱的地球以及它所处的危困状况。我们是在这个大背景下做选择的。

对许多人来说，心灵修行代表了一种放松之道，一种获取内心平静之道。我们想要在疯狂而充满压力的生活中，感到更平静，更专注，谁能责备我们呢？但我们现在有责任思考更宏大的事情。如果心灵修行能够让人放松，为我们带来内心的平静，那很好，但是这种个人的满足能帮助我们应对世界上发生的各种问题吗？主要问题是，我们以什么方式生活呢？是给混乱的世界带来更多的攻击性和自我中心，还是一些亟需的清明和智慧呢？

我们许多人十分关心世界的状况。我了解人们多么真诚地希望事情能有所改善，众生能从痛苦中解脱出来。不过，如果我们对自己诚实，不妨想想当这些事情发生在自己身上时，我们知道如何将这种愿望落实为行动吗？我们能认识到自己的言行可能正在制造痛苦吗？我们即使意识到自己正在把事情弄得一团糟，也知道如何停下来吗？这些一直都是重要的问题，在今天尤其如此。这是一个摆脱困境也许比获得快乐更重要的时代。在自己身上下工夫，对自己的思想和情绪更为觉知，也许是我们找出解决众生福祉和地球存继之道的唯一途径。

在 2001 年 9 月 11 日的恐怖袭击事件发生后的几天里，有一则故事广为流传，描绘了我们的困境。一位印第安人祖父跟孙子讲述了世界上的暴力和残酷及其成因。他说，那就像有两匹狼在他的内心搏斗，一匹狼狂暴而报复心重，另一匹狼友善而有同情心。年轻人问祖父，哪一匹狼会赢得他内心的这场战斗。祖父回答道："我选择喂养哪匹狼，哪匹狼就会赢。"

这就是我们所面临的挑战、我们的心灵修行所面临的挑战，以及世界所面临的挑战：我们如何现在就练习喂养那匹正确的狼，而不是以后再说？我们如何召唤自己天生本具的智慧来分辨利弊？什么会增加我们的攻击性，什么能让我们显露善心？目前全球经济陷入混乱，地球环境岌岌可危，战事不断，民众苦难加剧，是我们每个人在自己的生活中跨出一大步，尽自己所能帮忙扭转局面的时候了。即使只给那匹正确的狼喂一点点东西，也会有所帮助。我们都在同一条船上，过去如此，现在更如此。

跨出一大步指的是我们向自己和地球做出承诺：承诺放下之前的怨恨，承诺不逃避让我们感到不自在的人、情境和情绪，承诺不执着于我们的恐惧、封闭、冷漠和犹豫。现在是我们建立信任的时候，信任我们的本初善（basic goodness），信任地球上所有兄弟姐妹的本初善。现在是我们建立信心的时候，相信我们有抛弃使我们受困的积习的能力，相信我们有明智选择的能力。我们此时此地就能做到。

在日常生活中，我们可以通过待人接物来帮助自己学习。当我们与那些自己不喜欢或与自己意见不同的人——也许是家人，也许是同事——说话时，我们倾向于将许多能量用在表达愤怒上。我们对自己的愤恨和自我中心非常熟悉，但那并不是我们的本性。我们天生就具有破除积习的能力。我们都知道仁慈多么能疗愈人，爱多么能转化人，放下旧有的怨恨有多么轻松。只要稍微转换一下视角，我们就能意识到别人做出不友善的行为，说出刻薄的话的原因与我们一样。我们如果有幽默感，就能看出我们的兄弟姐妹、伴侣、孩子、同事正在以我们把别人逼疯的方式来逼疯我们。

在这个学习过程中，第一步是要对自己诚实。我们大多数人都习惯于让负面情绪掌控自己，并坚信这么做是正当的。这就让那匹愤怒的狼变得越来越凶狠，而友善的狼则只能乞怜地在一旁观望。但是我们不必陷在这种生命状态中。当我们感到愤恨或者任何其他强烈的情绪时，只要认识到自己激动起来了，我们当下就能有意识地做出选择，是变得更有攻击性，还是冷静下来。这取决于我们到底想喂养哪一匹狼。

当然，如果我们想要检测这种方法，那就需要一些指示物。要走上这条明智的道路，我们需要一些训练。这条道路必须揭示人类所具有的三项基本特质。我们一直都拥有这三项特质，但可能将它们埋藏了起来，差不多都要忘却了。这三项特质是天生本具的智慧，天生本具的温暖，天生本具的开放。当我说众生都拥有良善的潜能时，就是承认世界上每个地方的每个人都具有这些特质，并且能够将之召唤出来帮助自己和别人。

我们一直都拥有天生本具的智慧。只要我们没有落入欲望和畏惧的陷阱，我们本能就知道怎样做是正确的。只要我们没有因愤怒、自怜和贪爱蒙蔽自己的智慧，我们就知道什么会有所助益，什么会让事情变糟。我们那些自行运作的情绪反应让我们说出很多疯狂的话，做出很多疯狂的事情。我们渴望幸福和安宁，然而当我们情绪激动时，不知为什么我们用来获取幸福的方法却让我们处境悲惨。我们的行为经常与愿望不一致。不过，我们都有一种根本的智慧，能够帮助我们解决问题，而不是让事情变糟。

天生本具的温暖是我们都有的一种能够去爱、具有同理心和幽默感的能力。它也是一种能够感激、感恩和变得柔软的能力。它包含那些我们通常称之为“心”的特质的一切面向，这些特质天然就是人类的一部分。天生本具的温暖能够疗愈一切关系——我们与自己、与他人、与动物以及与日常生活中所有存在物的关系。

本初善的第三个特质是天生本具的开放，像天空那样辽阔的心。我们的心本质上是开阔的，灵活的，充满好奇的。可以说，那是一种产生偏见之前的状态，是我们自己把它限制住了。由于恐惧，我们认为一个人要么是敌人，要么是朋友；要么是威胁，要么是同盟；要么让人喜欢，要么让人讨厌，要么让人忽视。从根本上说，我们拥有的这颗心，这颗你和我都拥有的心，是开放的。

我们任何时候都能与这种天生本具的开放建立联结。比如，现在，停止阅读，暂停一会儿，停三秒钟。

如果你能像这样短暂地停一会儿，也许你就经历了一段没有任何念头的时刻。

另一个辨识天生本具的开放的办法是，回想某个时刻，一个你生气的时刻，一个有人说了你不喜欢听的话或做了你不喜欢的事的时刻，一个你想要讨回公道或发泄情绪的时刻。现在想象一下，如果你当时能停下来，深呼吸，放慢那个过程，会怎么样呢？在那个当下，你就联结了天生本具的开放。你是可以停下来的，留出空间，喂养那匹宽容而勇敢的狼，使它变得强大，而不是喂养那匹具有攻击性而暴戾的狼。当我们停下来的时候，我们天生本具的智慧常常会来拯救我们。我们会有时间去反省：为什么想要打那通让人不快的电话，说那些刻薄的话，或是酗酒，吸毒，以及做其他过分的事情？

不可否认，我们想做这些事情，因为在那种激动的情况下，我们相信这么做多少能让我们放松，它们会带来某种程度的满足感、解决之道或是安慰。我们觉得最终会感觉好一些。但是如果我们暂停一会儿，问问自己“最终我会感觉好一些吗？”允许那种开放、那种空间存在，给我们天生本具的智慧一个机会，它就会告诉我们一件我们早已知道的事：我们最终并不会感觉好一些。我们是怎么知道的呢？因为无论我们相信与否，这都不是我们第一次陷入这种冲动、自行运作的模式中。如果我们做一个民意调查，也许大多数人都会说，在他们的个人生活中，攻击引发了更多的攻击。它煽动愤怒和敌意，而不会带来和平。

如果我们现在看到某个人或者听到某则消息的反应是勃然大怒，或是沮丧失望，或者是其他极端的情绪，那是因为我们已经培养这种反应模式很长时间了。但正如我的根本上师常常说的那样，我们可以将自己的人生当作一场实验。在下一刻，下一个钟头，我们可以选择停下来，慢下来，静止数秒。我们可以尝试打断这种惯常的连锁反应，不让它像往常那样自行运作下去。我们不必责备别人，也不必责备自己。当我们处于困境中时，我们可以尝试不去强化攻击的习性，看看会发生些什么。

在这个过程中，暂停一会儿是非常有助益的。它在全然的自我耽溺与醒觉地活在当下之间建立了一种瞬间的对照。你只是停下数秒，深呼吸，然后继续做之前的事。你不需要时刻这么做。我的根本上师常常将之比作空隙。无论你在做什么，暂停一会儿，允许那儿有一道空隙。越南佛教大师一行禅师把这称为正念的修行。在他的寺院和静修中心，不时会有人摇一下铃，听到铃声，每个人都会停下来，深呼吸，保持正念。在日常生活中，我们常常会陷入某种情境，内在不断与自己讨论，这时你要做的只是暂停一会儿。

你可以选择整天都这样做。你开始可能很难想起要这样做，但是一旦这么做，它就能够滋养你。你会开始喜欢这样做，而不是陷在某种情境中。

人们只要发现这么做有益，自然会想出不时在忙碌的生活中暂停一会儿的办法。比如，他们会在电脑上贴一张提示标签。它可以是一个词，一张脸，一幅肖像，一个符号，可以是任何可以提醒他们的东西。他们还会决定："每当电话铃响时，我就暂停一会儿。"或者是"当我去开电脑的时候，我就暂停一会儿。"或者是"当我打开冰箱或排队，或刷牙的时候……"可以选择任何你经常做的事，做那些事时，有那么几秒，你暂时停下来，有意识地呼吸三次。

有些人告诉我，他们发现暂停让人不安。有人说，对他而言，暂停如同死亡一般。这说明了习惯的力量。我们将习惯性的行为与安全、踏实和舒适联系起来。它给我们一种有东西可以抓住的感觉。我们的习惯只是不断移动，加快速度，与自己说话，填满那段时间。习惯就像是衣服，我们可以穿上，也可以脱下。不过，我们很清楚，执着于穿着衣服时，我们就不想脱下了。我们觉得在别人面前赤身裸体太暴露了，会感到不安全，不踏实，不知所措。

我们认为远离那些让人不安的感觉是自然的，甚至是明智的。如果你非常热切地决定，每次打开电脑的时候都要暂停一会儿，然而当你实际打开电脑的时候，也许有一个不这么做的理由："啊，我现在没法停下来，我很忙，有四千万件事情要做。"我们认为无法慢下来，或者不愿意慢下来，跟外在环境有关，因为我们的生活如此忙碌。但我可以告诉你情况并非如此，这是我在一次为期三年的闭关时发现的。我坐在小房间里望着大海，拥有无尽的时间。我想要静静地坐禅，但这种让人心神不宁的感觉还是抓住了我，我觉得自己得赶紧完成这节禅修，这样就能做些更重要的事情了。当我体验到这种感觉时，我意识到我们所有人都有一种根深蒂固的习性。这种感觉非常简单，那就是不愿意全然活在当下。

当情绪激动的时候，或者说任何时候，我们只要暂停一会儿，就能撼动因恐惧而形成的老旧的习惯。当我们这么做的时候，就会留出空间，与我们内心天生本具的开放联结起来，我们天生本具的智慧也得以显现出来。天生本具的智慧本能地知道什么能抚慰我们，什么能搅动我们，这可是能够救命的信息！

我们停下来，也给了自己一个机会，来触碰我们天生本具的温暖。心的这些特质一旦被唤醒，就能切断我们的负面情绪，比其他任何方法都奏效。一位曾在伊拉克参战的美国士兵讲过一个故事。他说那是非常普通的一天，他又一次目睹了一些战友——他所爱的人——被炸死，他和师里的战友都想要报仇。他们找到了一些伊拉克人，可能是这些人杀了他们的战友。他们进了那些伊拉克人黑乎乎的屋子里，因为满腔怒火，又在那样一个容易让人产生幽闭恐惧的情形下，他们呼吸的都是暴戾之气。这些士兵痛打了那些伊拉克人来发泄他们的挫败感。

然后，他们用手电筒去照那些俘虏的脸，发现里面有一个不过是孩子，还患有唐氏症。

这名美国士兵也有一个患唐氏症的儿子。他看到这个男孩时，心都要碎了，他对事情的看法突然不同了。他感受到了那个男孩的恐惧，意识到伊拉克人和自己一样也是人。他的善心是如此强烈，浇灭了他那压抑已久的怒火，他再也无法继续残酷地对待伊拉克人了。在那天生本具的慈悲浮现的时刻，他对战争以及自己所作所为的看法发生了转变。

现在，世界上的大多数人都意识不到自己即将失控，因此也想不到慢下来有多么重要。在大多数情况下，那翻腾的能量迅速转变为攻击性的反应和语言。然而，对于我们每一个人来说，智慧、温暖和开放始终都在。我们如果有足够的觉知能够意识到正在发生什么，就能够暂时停下来，让这些基本的人类特质显露出来。报复的愿望、带有偏见的心，这些都是暂时的，是可以除掉的，它们不是恒久的。正如我的根本上师所指出的，“清明是恒久的，烦恼是暂时的”。

让我们从慈悲而诚实地审视自己的心开始，诚实地面对生活中的痛苦和世界上的问题。我们可以和充满仇恨的心，分裂的心，将某人视为“其他人”、坏人和不道德的人的心亲近起来。我们可以开始毫不畏惧、满怀慈悲地认识那匹愤怒、无情、充满敌意的狼。随着时间推移，我们会非常熟悉自己的那一部分，但不再喂养它。相反地，我们可以选择滋养开放、智慧和温暖。这一选择以及随之而来的态度和行动，就像是一剂能够治愈一切痛苦的良药。

2

学习停驻

2　学习停驻

要走上这条明智选择和逐渐降低攻击性的道路，关键在于学习活在当下。一天当中多次短暂地停下来几乎是一件做起来不费吹灰之力的事。只须数秒，我们就可以回到当下。另一个学习活在当下的方法是禅修，有个学生说得更确切——一遍遍学习回来，回到当下。事实上，任何曾经尝试过禅修的人都能迅速意识到我们几乎从未全然活在当下过。我还记得自己第一次接受禅修指导时的情形。它听起来如此简单：只是坐下来，舒服地坐着，将轻微的觉知带到你的呼吸中去。当心散乱时，温柔地回来，和你的呼吸一道停留在当下。我想，这很简单。然后，有人敲了一下钟，禅修开始了，我试着那样做。我发现直到钟声再次响起，禅修结束，我都始终无法与任何一个呼吸同在。整个禅修期间，我都迷失在各种念头之中。

当时，我认为这是自己的某种弱点造成的，如果我专注于禅修，很快就会精于此道，能够留意自己的每一下呼吸。也许有时候会有什么让我分心，但大多数时候，我是能够只停留在当下的。现在，差不多三十年过去了。有时候，我的心很忙碌；有时候，它是静止的。有时候，能量是躁动不安的；有时候，能量是平静的。当我们禅修时，会发生各种事情——所有的事情，从各种各样的念头到呼吸短促，到视觉影像，从身体的不适到精神的痛苦，到高峰体验——它们都会发生。基本的态度是，“没有什么大不了的。”关键是，自始至终，我们都在练习敞开，接纳发生的一切。

我注意到，那些我认为醒觉的人是这样的：他们对正在发生的一切都有全然的觉知。他们的心不会跑到任何地方去。他们只是停留在当下，和混乱同在，和寂静同在，和欢闹同在，在急诊室如此，在山腰也如此：他们愿意完全接纳正在发生的一切，也对正在发生的一切完全敞开。这是最简单，同时也是最深奥的事，有点像一种连续的暂停。

但是我们确实需要极大的鼓励和一些关于如何活在当下并向生命敞开的实用的建议。它肯定不会是我们的惯常反应。我的根本上师和印度上师都用过一个有用的比喻来描述与生活中的不自在同在有多不容易：我们人类就像一群得了严重的毒葛皮炎的小孩子，因为想要减轻那种不适感，我们不自觉地抓挠起来，那么做似乎是很明智的。面对任何我们不喜欢的事情时，我们都不自觉地想要逃避。

换句话说，抓挠就是我们的一种惯常逃避方式，想要逃开那种根本上的不适感，那种不安全感，那种让人烦躁不安的感觉，那种让人心神不宁的感觉：有什么不好的事情就要发生了。

我们还不知道，如果我们抓挠的话，毒葛会蔓延开来。很快我们就要抓挠全身了，我们发现自己的不适并没有减轻，反而加重了。

在这个比喻中，有人带那个孩子去看病，医生给他开了药方。这就好比遇到了一位灵性导师，接受教导，开始禅修。禅修可以描绘成学习如何和痒以及想要抓挠的欲望共处，而不去抓挠。无论我们感觉到的是总忍不住想去抓挠的冲动，还是想要不计代价去消除不适的冲动，我们都可以通过禅修练习平静下来。我们训练自己不论发生什么事情，只是停驻在当下，保持开放和醒觉。

如果让我们自行处理，我们会一直抓个不停，寻找那永远都找不到的缓解之道。但是医生会明智地建议我们："你得了严重的毒葛皮炎。它肯定能治好，但你得照着一些简单的指示做。如果你抓个不停，一定会越来越痒。所以，涂上这种药，它能帮你止痒。这样，你的痛苦会逐渐减轻，直至消失。”如果这个孩子足够爱自己，也想治好自己的病，那么这个不开心的孩子就会遵从医嘱。这个小孩会意识到医生说的话有道理，度过一小段感觉到痒但又不去抓挠的不适期。然后，慢慢地，这个孩子会从中受益。当你发现皮炎开始好转，想要抓挠的冲动慢慢消失时，是你，而不是医生，或者任何别的人从中获益了。

正如我们多数人，尤其是我们当中那些总是忍不住要去抓挠的人所知道的那样，我们需要很长的时间来学习与痒共处。不过，它是唯一的解决之道。如果我们一直抓挠，不仅会越来越痒，我们还会发现自己的处境越来越糟糕。我们的生活会变得更加失控，更加不合意。追寻快乐、麻木不仁和攻击他人是三种典型的在错误的地方寻求缓解之道的方式。我们要么头脑一片空白，要么紧紧抓着它不放。我们也可能会采用抓挠的方式，困在其中，向其他人发火，或者陷在自我憎恶中无法自拔。

在佛法中，我们不满足的根源在于自我耽溺以及害怕活在当下。我们能轻易地从开放和愿意接纳——一种活泼而又醒觉的状态——转变为退缩。我们一再从不舒服的状态下跑开，去寻求症状的短暂缓解，而这从未触及问题的根本。我们就像一只把头埋在沙子里的鸵鸟，希望能在那里找到安逸。

这种从一切不愉快中逃开，持续逃避当下的循环，被称作自我耽溺，自我执着，或者自我。

自我就如同一个茧。我们因为害怕而待在自己的茧中：我们害怕生活会触发我们的情绪和反应，我们害怕可能会威胁我们的事情。如果这种逃避策略管用的话，佛陀就不必教导任何东西了。我们竭力逃离痛苦，这是众生的本能反应，它能带来安全、快乐和自在，不再有任何问题。但是佛陀说，这种自我耽溺，这种想要找到安全地带的努力，会带来极大的痛苦。它使我们变得软弱，世界变得更加可怕，我们的念头和情绪也变得越来越危险。

我们可以用很多方法来探讨自我，但它本质上就是我谈论过的东西，即从未活在当下的感受。我们有一种根深蒂固的习性，几乎是一种强迫倾向，即使我们没有感觉到不适，也会让我们心烦意乱。每个人在任何时候都觉得有一点儿痒。背景里有一种急躁、令人厌倦而不安的嘈杂声。就像我之前说过的那样，在我闭关期间，那里几乎没有什么让人分心的事物，但我仍感受到了这种深切的不安。

佛法的解释是，我们感到不安是因为我们总想给脚下找块实地，却从未找到。我们总在寻找一个永久的参照点，而它却不存在。没有什么东西是永恒的，所有的东西都在改变——是流动的，不定的，开放的。没有一件事像我们希望的那样确定。这实际上并不是什么坏消息，但我们似乎都会自动否认这一点。我们完全无法接受不确定性。

不安全感似乎是自我对世事不断变化这一实相的反应。通常这种根本上的不确定性，会让我们感到极度不安。事实上，每个人都知道这种根本上的不安全感，我们通常觉得这很可怕。在那三年的闭关期间，我和从前的一位密友住在一起。我们之间发生了一些事情，我认为她恨我。我们住在同一幢建筑中，不得不在狭窄的走廊里擦肩而过，完全没有办法避开彼此。她非常生气，不愿意跟我说话，这让我有一种很深重的无力感。我常用的那些对策都不管用，我一直感受到没有参照点、没有确定感的痛苦，过去那些能带给我安全感、掌控感的方法都失效了。我试过自己多年来一直教人们使用的各种技巧，没有一样真正管用。

于是有一天晚上，既然睡不着，我就起身到禅堂去，整晚都坐在那儿。我只是坐着，与自己那未加遮掩的痛苦同在，几乎什么也没想。然后有些东西出现了，我十分明晰地洞察到：我的整个人、我的整个自我结构都建立在要避开这种不确定感之上。我做的每一件事，我微笑的样子，我和人说话的方式，我试图取悦每个人的方式——都是为了避开这种不确定感。我意识到我们的整个外在表现，我们唱的那首短歌，跳的那支小舞，都是为了避开弥漫在我们生命中的不确定感。

通过学习停驻，我们会变得十分熟悉不确定感，慢慢地，它所带来的威胁感会逐渐消失。我们停驻在当下，而不是去抓挠。我们不再陷在老是设法避开不安全感中。我们以为重温那些创伤事件，或是确认自己没有价值，才是面对自己的心魔。实际上，面对心魔不过是和无处可逃的心神不宁、焦虑不安共处，并且发现——猜猜，会怎样——我们不会死，也不会崩溃。实际上，我们会感觉到深度的解脱与自由。

练习停驻在当下的一个方法是停下来，望出去，做三次深呼吸。另一个方法就只是安静坐一会儿，聆听。只是聆听屋子里的声音，聆听你周围的声音，持续一分钟；聆听远方的声音，持续一分钟。只是专注地聆听，声音无所谓好或不好，它只是声音。

也许这种聆听的经历会让你意识到自己具有专注的能力，具有醒觉地活在当下的能力。另一方面，你的心也许会散乱。这个时候，无论你禅修专注的目标是呼吸、声音、感觉还是情绪，当你注意到自己的心散乱时，就轻轻地回来。

你回来是因为当下是如此珍贵，如此短暂；而如果没有什么参照点让我们返回来，我们就始终发现不了自己的心散乱了，我们又会去寻求替代物，而不是全然活在当下。我们不是与事物原本的样子同在，而是与我们希望它们所是的样子同在。

3

逃避的习性

我们似乎都有从当下跑开的倾向，就仿佛这种习性已经植入我们的基因中。我们基本上一直在东想西想，而这会将我们带离当下。我的根本上师告诉我，妄想和实相的区别是，实相是全然活在当下，和我们的直接经验建立联结，妄想则是迷失在念头之中。那些在高速公路上以近每小时 140 公里的速度驾驶的人，大多数都在分心。似乎有某种自动控制仪使我们不偏离路面，或者让我们能同时处理多项工作——或是吃东西，或是心不在焉地做着其他事情。我们认为这种分心的模式，这种不全然活在当下的模式，这种不触及我们直接体验的模式，是正常的。

从佛教徒的观点来看，我们累世都在强化这种分心的习性。如果你不相信轮回，只看这一生就够了。这一生也足以让我们看清楚自己是如何强化这种模式的。从我们还是孩子起，我们就一直在强化这种逃避的习性，选择妄想，而非实相。不幸的是，逃避，迷失在自己的念头、忧虑和计划中，让我们感觉舒适。它给了我们一种虚假的安全感，让我们欢喜。

我从我的印度上师那里听过一个非常有益的教诲，这个教诲能够帮助我们看清楚这种从当下逃开的自动反应模式。这是关于 shenpa 的教诲。藏语“shenpa”通常译作“执着”，但这个译法对我来说有些太抽象了，它没有触及 shenpa 丰富的涵义以及它对我们的影响。

我们也可以把 shenpa 翻译成“上钩”，它听起来像“被钩住了”，像是“卡住了”，“陷进去了”。每个人都想听到关于摆脱困境的教诲，因为这些教诲都指向痛苦的共同根源。在那个毒葛的比喻里，我们奇痒无比，有一种抓挠的习惯。shenpa 既是那种痒，又是那种抓挠冲动，也是想要吸根烟的冲动，想要过量进食的冲动，想要再喝一杯的冲动，想要说些残酷的话或者撒谎的冲动。

在我们的日常体验中，shenpa 是这样表现出来的。有人说了一句难听的话，你的内在就紧绷起来：你立刻就上钩了。这种紧绷迅速转变成责备那个人或者诋毁你自己。很快，你就会说些什么，或者做些什么，或是执迷于什么，这种连锁反应发生得非常迅速。如果你的瘾很重的话，你或许会直接做那些事情，来掩饰让人不舒服的感觉。这是非常个人化的，别人说的那些话开始对你起作用了——它触发你了。它可能完全不会搅动别人，但我们说的是那些会触到你痛处的东西——shenpa 的痛处。

最根本的基础 shenpa 是关于自我本身的：执着于自我的身份，执着于我们以为自己所是的那个形象。当我们发现自己的身份受到威胁，我们的自我耽溺会变得非常强烈，shenpa 就自动生起了。随后，我们就会做出反应，比如执着于我们的所有物，或是执着于我们的观点和立场。例如，有人批评你的政治观点，批评你的外貌，批评你最在意的朋友，这时，shenpa 就出现了。那些话一出口，嘭，它就在那里了。shenpa 既不是念头也不是情绪本身，它发生在那之前，但它会很快喂养念头和情绪。如果我们留意的话，我们能感觉到它的生起。

如果我们在它刚生起时就捕捉到它，那时它还只是一种紧绷，一种轻微的拉扯，一种领子下开始发热的感觉，是可以处理的。然后，我们可能会好奇，想要了解这种要去做惯常事情的冲动，这种不断强化惯常模式的冲动。我们的身体完全可以感觉到它，有趣的是，这并非什么新鲜事。它始终带着一种熟悉的味道。它有一种熟悉的气息。当你开始接触 shenpa 时，你觉得这一直在发生。它让你感觉到这个不断变化的无常世界固有的一种潜在不安全感。每个人都能感觉到这种不安全感，只要我们仍然忙着在脚下寻找实地。

当有人说了什么触发你的话时，你真的不必到过往去寻求触发你的原因。这不是自我心理分析，探索我们的创伤所在。它只是“啊噢”一声，然后你感觉到自己绷紧了。一般来说，它最初生起时，我们往往察觉不到。更常见的情况是，当它表现得很明显或者压抑得很明显时，我们才意识到自己陷在其中了。

我的印度上师说，shenpa 是情绪、念头和语言背后的能量。比如，当话语中充满 shenpa 时，它们很容易变成怨恨的字句。任何话语当它们背后有 shenpa 的力量和能量时，都能变成带有种族侮辱和攻击性的语言。你说着这些带有 shenpa 的语言，它们也引发了别人心中的 shenpa，然后他们会带着防御性来回应你。如果我们不去检视，shenpa 就会像具有高度传染性的疾病那样迅速蔓延。

现在，有一个词经常用来将中东人非人化。我听说美国士兵去那儿之前，学过这个词。这个词是“哈吉”（haji）。有个士兵告诉我，他们经常能听到“没关系，他们就是哈吉”，以此作为虐待和杀害无辜平民的理由。让人感到沉痛的是，这个词在伊斯兰文化里有非常正面的含义。它是对那些到麦加圣地朝觐过的人的尊称。因此，词语本身是中性的，是我们加诸其上的能量让它们不同。当那儿存在 shenpa 时，“哈吉”这个词就会让人不把人当人看。它成了仇恨和暴力之词。同一个词在那些听到它的人的头脑和心灵中会产生完全不同的反应。

我们都用过 shenpa 词汇。我们也许会试着不再使用那些明显带有种族歧视的词语，但我们有自己的方法来挖苦别人。当你不喜欢某些人时，甚至他们的名字都能成为 shenpa 词汇。比如，当你说起你一辈子的死对头简，或者你讨厌的兄弟比尔时，你说他们的名字时的那种声调都传达出轻蔑和攻击。

你可以很容易注意到别人的 shenpa。你在和某些人交谈，他们倾听着，然后你说了什么，你发现他们紧绷起来。不知何故，你意识到自己触碰到了一个敏感地带。你看到了他们的 shenpa，但他们自己也许完全没有意识到。

当我们清楚地看出别人身上正在发生什么时，我们就与自己天生本具的智慧建立了联结。我们本能地知道对方眼下无法接收我们试图表达的重要信息。那个人正在封闭自己，他正在因为 shenpa 而将自我隔绝起来。我们天生本具的智慧告诉我们别往下说了，别推销自己的观点了。我们本能地知道如果我们传播 shenpa 病毒，没有人会赢。

只要有不自在、不安宁和厌倦——只要有任何形式的不安全感——shenpa 就会在那儿出现。对我们所有人来说都是如此。如果我们慢慢熟悉它，我们就能完全感受这种不自在，我们就能完全感受 shenpa，久而久之也就学会了为了大家的利益，不把它表现出来。

不把它表现出来，或者说克制，是非常有趣的。这在佛法中也称作“舍”。“舍”的藏语是 shenluk，它的意思是将 shenpa 颠倒过来，将它完全摇落。它的意思是脱钩。舍并不是舍弃食物、性或者生活方式。我们并不是在谈论舍弃事物本身。我们谈论的是放开我们的执着，我们对这些事物的 shenpa。

大体上，佛法并不鼓励我们推开问题，而是要去熟悉它。那么现在的情况是：我们迫切地想要认识我们的 shenpa，看清楚它，完全感受它——既不将它表现出来，也不压抑它。

如果我们愿意认识自己的 shenpa，直接感受它，我们天生本具的智慧就会开始引导我们。我们开始能预见到整个连锁反应，以及它将把我们带往何处。我们会获得某种智慧，一种基于对自己和别人的悲悯而来的智慧，和自我的恐惧没有任何关系。我们的这一部分知道我们能够和自己的本初善——我们根本的智慧、开放和温暖联结起来。久而久之，这种智慧变得比 shenpa 还要强大，我们甚至能在连锁反应生起之前就自然地停下来，在攻击性展开之前就自然地预防它蔓延。

在我自己的修习中，老师一直教导我不要陷入接受和拒绝当中，不要为有偏见的心所限。我的根本上师特别强调这一点。这曾经让我困扰。那是不是意味着，比如说，我不应该喜欢一种花或者食物远胜于其他花和食物？不喜欢生洋葱的味道和广藿香油的气味是不是有问题？较之其他哲学和宗教，与佛教更为相适是不是有问题？

当我听到关于 shenpa 的教诲时，问题解决了。这个问题与偏爱无关，而和它背后的 shenpa 有关。如果别人给我生洋葱，我就生气，如果看到它就触发了我心里的厌恶，那么这种偏见是很深的。我显然是上钩了，陷在里面了。如果我发起一场反对吃生洋葱的活动，或者写一本反对使用广藿香油的书，或者开始攻击其他的哲学和宗教，那就是 shenpa，极端的 shenpa。我的头脑和心都是紧闭的。我是如此执着于自己的观点和立场，以至于那些观点和我不同的人都成了我的敌人。我成了一个原教旨主义者：坚决认为自己是正确的，向那些与自己意见不同的人关上心门。另一方面，马丁·路德·金和甘地是我们的典范，教我们如何不带 shenpa 地表明立场、阐述观点。正如他们所展示的，不带 shenpa 并不会导致自满，它带来的是开阔的心胸和慈悲的行为。

当然，我们也会被正面经验钩住，正如我们会被负面经验钩住一样。当我们真的想要什么时，通常 shenpa 就会在那儿。这对禅修者来说是一种非常普遍的经验。你进行禅修，体验到一种安宁、平和而幸福的感觉，也许念头来来去去，但它们并没有引诱你，你能够回到当下。那里没有挣扎。然而，具有讽刺性的是，你开始执着于自己的成功了。“我做对了，我正确地掌握它了，就应该一直是这个样子。这就是典范。”但它不是“正确的”或者“好的”，它就是那个样子。因为 shenpa，你被正面经验钩住了。

然后，下一次禅修时，你惦念着家里的某个人，或是没有完成的工作，或是某种美味。你担心，你烦恼，你感到恐惧或是贪爱，当你试图给你那野马般失控的心套上缰绳时，它不肯顺从。你最终觉得这是一次糟透了的禅修，你因为禅修失败而责备自己。但它却不是“糟糕的”，它就是那个样子。

因为shenpa，你执着于一种失败的自我形象。shenpa就是在那儿黏上你的。

可悲的是，我们竭力做的不过是不去感觉那潜藏的不安。更可悲的是，我们继续这样做的结果，却只是变得更不安了。这里传递的信息是：只有全然感受我们的痛苦，才能缓解这痛苦。学习停驻，学习和不安同在，学习和紧绷同在，学习和痒同在，学习与想要抓挠的冲动同在。这样，那些习惯性的连锁反应就不会继续控制我们的生活，那些无益的模式也不会随着时日流逝变得越来越根深蒂固了。有人曾经送给我一块骨头形状的狗牌，可以穿根绳子挂在脖子上。上面写的不是狗的名字，而是“坐下，停驻，疗愈”。我们可以通过这种训练来疗愈自己和世界。

一旦你注意自己的所作所为，意识到自己是如何上钩、如何失控的，你就不容易傲慢自大了。诚实地认识自己可以让你变得柔软、谦逊。它也会让你开始对自己的本初善产生信心。当我们不再被自己强烈的情绪所蒙蔽，当我们留出一点空间，留出一个空隙，当我们暂停一会儿，我们就自然知道该做什么了。我们本具的智慧会让我们朝着放下和无所畏惧行进，会让我们慢慢不再强化那些只会给世界带来更多痛苦的习惯。

4

生命的自然律动

我们都是混合体，兼具攻击性与慈爱心，冷酷无情与温柔和善，心胸狭窄与慈悲开放。我们不是静止不变的，可预言的，始终如一的，以致任何人都可以指着我们说："你总是这样，你始终没变。"

生命的能量从来都不是静态的。它像天气一样流动不息，变化不止。有时候我们喜欢自己的感觉，有时候我们不喜欢。然后，我们又喜欢了。接着，又不喜欢了。欢乐与悲哀，自在与不安不断更替。每个人都是如此。

在我们的观点和意见背后，在我们希望和害怕发生的事情背后，始终流淌着生命的动态能量，不以我们是否喜欢为转移。

我们如何应对这股动态的能量流非常重要。我们可以学习放松地与它同在，把它当作我们的基本背景，生命的自然组成部分。不然这种不安全感，这种没有什么可以抓住的感觉，会让我们恐慌，立即开始连锁反应。我们恐慌，我们被钩住了，然后习性接管了我们，我们以一种完全可以预知的方式思考、说话和行动。

我们的能量和宇宙的能量始终都是流动的，但我们很难容忍这种不可预知性，我们很难看出自己和宇宙都处于一种令人兴奋的流动状态，始终是新鲜的，崭新的。相反地，我们陷在窠臼之中，“我想要”和“我不想要”的窠臼，shenpa的窠臼，不断被个人偏爱所钩住的窠臼。

我们不安的根源在于无法获得渴望的恒久确定感与安全感，也无法实现抓住牢靠东西的愿望。我们下意识地以为，如果我们获得合适的工作，合适的伴侣，合适的某些东西，人生就会一帆风顺。当任何意料之外的事情，或者我们不喜欢的事情发生时，我们就认为有什么变糟了。我相信这完全符合我们对自己的观察。即使在最世俗的层面上，我们也非常容易被触发：有人插队到我们前面；得了季节性的过敏症；去喜爱的餐厅吃饭，它关门了。从来没有人鼓励我们全然感受情绪、健康、天气和外在事件的变化，无论是令人愉快的，还是令人不愉快的。相反地，我们陷在一种狭隘而可怕的模式中，逃避一切痛苦，不断追寻舒适。这是一种普遍的困境。

当我们停下来，允许空隙存在，并深呼吸时，立即就神清气爽了。突然，我们慢了下来，望出去，发现世界就在那儿，就像暂时站在飓风眼中，或转动的轮子的静止之点上。我们的心情可能是不安的，也可能是快乐的。我们的所见所闻可能是一片混乱，也可能是高山海洋，或是飞鸟掠过的澄澈蓝天。无论是哪一种，都让我们的心暂时平静下来，不再为正在感受的事情起伏不定。

我们也许认为停下来是笨拙的，可怕的，让人不耐烦的，是一种令人尴尬的自我觉知。然而这种方法是很激进的。它鼓励我们无论感受到什么，都放轻松，慢慢松弛下来，靠近它。它鼓励我们放下故事情节，只是暂停一会儿，望出去，深呼吸。只是活在当下几秒，几分钟，几个钟头，整整一生。与我们自身变化的能量和生命呈现的不可预知性同在。全然如实地感受一切。

这趟觉醒之旅，这趟学习活在当下之旅，十分有助于在shenpa生起时，认出它来。它可能是隐微的，只是一种轻微的拉扯，一种无意识的紧绷；它也可能是十分狂暴的，充满情绪能量。真的不要紧，无论你碰到的shenpa是灰烬那样微细，还是肆虐的森林之火那样狂暴，如果你能迈出第一步，意识到自己上钩了，就已经是在打断老旧的惯性反应了。这已经是在打断自动运作和逃避的动力系统了，即使它很短暂。你完全醒觉了，觉察到自己上钩了，现在你有一个选择：你可以加强 shenpa，也可以做些别的事情。这是充满情绪能量的时刻，你可以进一步加强 shenpa，你也可以选择停下来，感受那些让人不舒服的能量，不做任何挣扎。

与其将 shenpa 看作一个需要克服的障碍，不如将它看成是一个转化的机会，一扇敞开的门，它通往觉醒。当我意识到自己被触发时，我将它看作是一个中性的时刻，一个特定时刻，一个可以选择走哪一条道路的时刻。我建议在那个重要的时刻，选择通往幸福和解脱之道，而非通往不必要的痛苦之路，后者会遮蔽我们天生本具的智慧与温暖，削弱我们在生命的自然律动中保持开放和活在当下的能力。

古希腊神话里的英雄尤利西斯向我们展示了，当横扫一切的诱惑无比强烈时，有意识地选择接纳和活在当下需要多少勇气。特洛伊战争结束之后，尤利西斯在航海返回希腊的途中，知道他的船必须经过一个危险地带，那里居住着人称塞壬的美丽少女。人们警告过他，没有人能抗拒这些女子歌声的召唤，水手们会不由自主地朝她们驶去，将船撞向礁石，溺水而亡。然而，尤利西斯想听听塞壬们的歌声。他知道那个预言，如果有人听到她们的歌声，而不向她们驶去，她们就会永远失去蛊惑人心的魅力，枯萎凋零。这对他来说是一个具有吸引力的挑战。

当船驶近塞壬们的海域时，尤利西斯让水手们用蜡封住他的耳朵，并将他紧紧绑在桅杆上。他告诫他们，不管自己如何挣扎示意，不管他看起来多么怒气冲冲地命令他们割断绳子，在船驶入完全听不到塞壬歌声的熟悉地带之前，都不能松开他。像你可能预料到的那样，这个故事有一个美满的结局。水手们听从了尤利西斯的指示，他做到了。为了不听从我们自己的塞壬们的召唤，为了跨入敞开的觉醒之门，我们多多少少都得经历这样的不适。

只要在 shenpa 生起时做出不同的回应，我们每一个人都能积极参与到创造一个没有暴力的未来中。现在，你我这样的个体如何应对 shenpa，具有全球性的意义。在那个中性时刻，在那充满情绪能量的时刻，我们可以选择任意一条道路，我们是有意识地强化老旧的基于恐惧的习性，还是停在那个点上，全然感受那种躁动不安的能量，让它自然舒展地流淌？这里不缺机会，也不缺可以处理的材料。

密切注意这个过程，如同我多年来所做的那样。我们很容易就能看出，仅仅是放松地和自己流动的能量同在就需要勇气，就让它保持原样，既不走开，也不试图逃离。对 shenpa 的能量——痒和抓挠的冲动——保持开放和接纳，不像以往那样习惯性地抓挠，需要尤利西斯那样的勇气、决心和好奇心。

5

摆脱困境

关于 shenpa，我有三点发现。第一，故事情节煽动着它；第二，它有底流；第三，它总有后果，通常是让人不快的后果。比如，当我们感到孤独时，shenpa 就自动生起了，那个 shenpa 的中性时刻就在那儿。但我们意识不到正在发生什么，无法清醒地驾驭自己的能量。我们自投罗网，饮食过量，狂欢作乐，猛烈攻击别人。然后，shenpa 之后的 shenpa 登场了。我们由于 shenpa 的接管而沉沦于内疚和自我诋毁中，无法自拔。一种 shenpa 引发另一种更深的 shenpa，这种连锁反应循环不断，可达数年之久。

在探索 shenpa 的过程中，我了解到放下故事情节至关重要。在意识到自己上钩了的中性时刻，我们与自己展开对话。我们意识到自己正在将轻微的不安感、下巴或胃部隐约的紧张感转变成刻薄的言语、轻蔑的手势，甚至付诸暴力行为。但它会渐渐平息，逐渐消失。如果我们不用故事情节煽动它，或冻结它，激烈的能量会回落，开始自然流淌。

在禅修时，上师教导我们要注意念头的生起，然后放下那些念头，回复全然活在当下的状态，回到我的根本上师所说的原点。只需不断回到原点，即使原点让你感到急躁不安，深陷在 shenpa 中，仍然回到那儿。shenpa 本身不是问题。不知道自己上钩了，只是毫无觉知地将它表现出来，这种无明才是问题。为了根除这种无明，我们要设法将所有慈悲的关注都集中于上钩以及随之而来的那种熟悉的连锁反应上。我们要练习放下故事情节，放开 shenpa 的煽动者。

这做起来并不容易，因为你肯定会非常不自在。当你不去做自己惯常做的事情时，一定会感到某种痛苦。我称这一阶段为戒毒时期。长久以来，你一直做着同样的可以预知的事情来逃避那让人心神不宁、局促不安而又脆弱的感觉。现在不这样做了，你会觉得非常不自在。你需要做一些调适并修习慈悲与忍耐。这需要你具有一些开放性和静观接下来会发生什么的好奇心。当你不用故事情节来煽动不安时会发生什么？当你与这股流动、变化、普遍存在的能量同在时会发生什么？当你停下来拥抱生命的自然律动时会发生什么？

在这个过程中，你能迅速学到的是，不与这股能量同在会发生什么后果。如同我告诉过你的那样，你会认识到故事情节会煽动 shenpa，它有底流，也会带来后果。

这底流可能会非常强烈。正如我的印度上师所说的那样，shenpa 的一个特性是人们很难放下它。讨回公道的冲动、贪爱的力量、纯粹出于习惯的驱力如同磁石一样将我们拉向熟悉的方向。因此，我们一再选择满足暂时的舒适，最终却使自己陷在同样的循环中。如果你已经经历得够多了，特别是如果你已经有意识地体验过这一循环，你就明白 shenpa 的后果是很容易预知的。

当我们暂时停下来，深呼吸，与这股能量同在时，我们就能十分清晰地预见自投罗网会有什么下场。渐渐地，这种理解力，这种天生本具的智慧，将帮助我们与焦灼的能量同在，帮助我们全然体验自己的感受，而不受“我喜欢这种感觉”或“我不能容忍这种感觉”的 shenpa 所诱惑。我的印度上师曾经指出，你也许认为某种特定的情绪让人无法忍受，但不对这种情绪做出反应，你就能逐渐真正了解什么是无法忍受。8 世纪时的佛教大师寂天菩萨将这比作为了疗愈痼疾，甘愿接受痛苦的治疗。

有一种学习与不愉快的情绪同在的正式修行，一种将负面情绪的毒害转化为智慧的修行。它类似于中世纪将贱金属提炼成黄金的炼金术。你无须扔掉贱金属——丢弃它，用黄金来替代；相反，粗陋的贱金属本身就是稀有的黄金的来源。

同样的，西藏人常说，吃了毒物的孔雀，尾羽更绚丽夺目。

这种转化修行具体来说就是在情绪触发时，对自己的能量保持敞开和接纳。它有三个步骤。

第一步：意识到自己上钩了。

第二步：停下来，有意识地呼吸三次，然后靠近。靠近这种能量，与它同在。充分感受它，品尝它，触摸它，嗅闻它，好奇地探索它。你的身体是如何感知它的？它引发了什么念头？对那种痒和抓挠 shenpa 的冲动变得非常熟悉，并保持呼吸。这一步的一部分是学习不为 shenpa 的动力所引诱。如同尤利西斯，我们可以找到既能听到塞壬们的歌声，又不为其所俘获的方法。这是保持清醒和慈悲、打断 shenpa 的动力、避免造成伤害的过程。不要说话，不要行动，只是感觉这股能量。成为一个与自己的能量同在的人，一个与生命的潮汐同在的人。不要抗拒这股能量，拥抱它。这种学习是十分开放、深具好奇心与智慧的。

第三步：放松，继续前行。继续过你的日子，这样修行就不会成为什么大不了的事，也不会成为一场耐力测试，一项事关输赢的比赛。

这项修行最大的挑战在于拥抱这股躁动不安的能量，对它保持醒觉，而不是无意识地跑开。我们最初尝试时，会发现自己只能与令人不快的情绪同在，并从混乱中抽离很短一段时间，随后，习惯又自动地接管了我们。

我亲爱的七岁孙子皮特就是一个很好的例子。他常常因为生活中的不公平而大发脾气。皮特个性非常开放，也极富幽默感，但每当他发脾气时，所有的优良品质就都不见了，故事情节掌控了他。“我弟弟什么都有，我什么都没有。”“这个世界真不公平，我是一个受害者。”我们根本没办法跟他讲道理。他很快就会失控，气得发抖。

皮特那时候迷上了《星球大战》系列，于是有一天又发生这种情况时，我问他，“皮特，欧比旺·肯诺比会怎么做呢？”皮特脸上露出好奇且愿意接纳的表情。看得出他在思考我提出的问题，他开始坐直身子，微笑起来。他突然表现得像一个自信而有力量的人。不过，很快他就抵抗不住了，又开始编造起故事情节来。都是关于他的弟弟怎么得到这个，怎么得到那个，他什么也没有，他又开始失控了。我逮住一个机会，再次向他提起欧比旺·肯诺比。他又非常非常短暂地从那种状态中抽离了一会儿，和自己天生的高贵联结起来。

我们起初都是这样的。我们在失控之前，都可以和自己内在的力量、自己天生本具的开放建立短暂的联结。这是打断和削弱我们那些老旧的习惯而迈出的出色、英勇且巨大的一步。如果我们能长时间地带着幽默感与它同在，自然就能发展出活在当下的能力。渐渐地，我们就不会再有自投罗网的欲望，也不会再有攻击的欲望。

如果我们选择进行这种修行，那么从那些小的 shenpa，那些随时都有可能升起的小愤怒开始练习是明智之举。如果我们渐渐变得善于自我觉察，能意识到自己上钩了，并在日常情境中停下来，那么，当大的冲击来临时，这种训练会自动起作用。如果我们以为可以等到大的危机来临时才开始练习，然后它就能够自动运作，那可就错了。

交通场所是处理 shenpa 的好地方。想想其他人的驾驶习惯，或者有人开进了你要停车的车位，激起过多少情绪能量。你可以把这当成练习转化的绝佳机会，而非盲目地去喂养愤怒。

意识到自己上钩了（如果可能的话，带着幽默感）。停下来，进行三次有意识的呼吸，向那股能量靠近（如果可能的话，带着友善）。放松，继续前行。

最明智的方法是来试着这样修行。在生活中尝试这种修行。今天，明天，当下——只要我们活着，就这样生活。

有时候我们唯有吃些苦头才能学会。我们也许能意识到自己上钩了，但仍会用惯常的方式应对。不过，我们这样做的时候，可以把它当成一种有意识的实验，看看会有什么样的结果。只要有觉知，我们就能从错误中学习。

我举个例子，说明这么做有多痛苦。有一次，我住在女儿家里，不知道为什么，我觉得焦躁不安，心里不痛快。在那种焦躁的情形下，我收到了一封让人心烦意乱的电子邮件，早已经渗透进来的 shenpa 这时猛烈地发作了。你们可能都有收到那种电子邮件或者语音邮件的经历。那是一个周日的晚上，我决定不直接跟那位给我发邮件的女士说话，我打了她的办公电话，留了一条愤怒的信息。当她周一到办公室的时候，她就会收到我的留言。我觉得这么做是有道理的，因为我知道自己处于有利的位置，基本上，我会得到自己想要的，因为这家公司想同我合作。

故事情节让我盲目，我当时想：我只是要按照事情原本的样子来讲述，我要纠正她！现在，当我想到自己说的那些让人不愉快的傲慢话语，特别是那种简直是“你知道你在跟谁说话吗”的语气时，我就觉得难为情。

然后，我挂上了电话。当然，我当时仍处在 shenpa 带来的痛苦中，相信自己打那通电话是对的，顽固地喂养自己的愤怒。我的女儿一直坐在那里，目睹了整个过程，她脸上的表情是我从来没有见过的。她完全瞠目结舌了，我认为她接下来说的话特别值得称赞，那时我六十八岁，她四十五六岁。她说：“妈妈，我从没见你这么失控过。”我认为她说得很对。但我仍然让 shenpa 掌控着，一直为自己的行为辩护。看到女儿对我大发脾气这么震惊，最终让我恢复了理性。我心想：嗯，好吧，事情已经做了。让我们看看接下来会发生什么。

接下来发生的是我确实得到了我想要的，从世俗的层面上看，你可以说我赢了。可是这位女士可能永远都不会再像以前那样看我了。到现在，她都是非常礼貌而公事公办的，但是她心里有些东西改变了。她一向视我为灵性导师，具有很好的修行，却收到了这个神经质的巫婆的电话留言。我肯定道过歉了，但那无济于事。此后一年，我们每次谈话，我都会向她道歉，但没有任何办法改变已经发生的事情。我从这件事上得到了一个宝贵的教训，有时候我们就是得吃些苦头才能学到东西。

寂天菩萨用“忍耐小烦恼”来提醒我们这一点，当它还是小烦恼时，shenpa 还很微弱，“这是在训练自己如何应对大的逆境”。通过忍耐学习来保持我们的庄严，不要失控，当挑战还能应对时不抗拒自己的能量。这是在为困难时刻而进行的训练，这是在为可能会在或近或远的将来到来的情绪激烈的时刻做准备。

当然，我们都不知道什么样的逆境会来，什么样的逆境不会来，无论是个人层面上的还是集体层面上的。事情可能会变好，也可能会变得更糟。我们可能会继承财富，我们或者我们所爱的人可能会罹患绝症；我们可能会搬进自己梦寐以求的房子，我们住的房子也可能会被烧毁；我们可能拥有健康的身体，也有可能在一夜之间残疾。在全球的层面上，事情可能会好转也可能会恶化。自然环境和经济环境可能会稳定下来，也可能会发生灾难。我们永远都无法知道目前的情况会发展成什么样，也无法知道接下来又会发生些什么。不过，我们无须做个悲观论者，也无须活在永恒的恐惧中。我们的处境肯定是可以处理的。我们可以通过忍耐日常生活中的小烦恼来学习不自投罗网，用慈悲和智慧来应对今后的各种状况。

6

我们需要的皆已具足

6 我们需要的皆已具足

佛法鼓励我们对自己狂野的心和情绪下工夫，这绝对是对治我们的迷妄和痛苦的最佳方法。我们不应陷入谁对谁做了什么的剧情当中，而应该只承认我们都激动了，停止用故事情节来煽动自己的情绪。这样做并不容易，但却是我们幸福安宁的关键。我们在禅修的时候，要一再地、反复地练习放下自己的念头，直接对治我们不知足的根源。我们要留出空间来观察那个让自己陷在其中的运作体系。

在这方面，关于轮回的说法是很有意思的。在这一生中，也许某个人伤害了我们，知道这一点对我们来说是有用的。但另一方面，我们的伤痛也许来源于一个更为久远的创伤，也许我们累世一直携带着同样的习性，同样的反应模式，它们一直在制造同样的剧情，同样的困境。

无论我们是否接受轮回的观念，如果这种思维能在shenpa生起之时，激励我们将重点放在看透shenpa的习性上，而非沉溺在痛苦的故事中，那么它对我们还是有帮助的。不管过去发生了什么，我们现在都可以负起责来，慈悲地对治我们的习性、念头和情绪。我们可以将重点放在如何摆脱困境上，而不是谁伤害了我们之上。如果有人朝我的胸口射了一箭，我可以朝攻击我的人大叫，任由伤口溃烂，也可以尽快拔出这支箭。在我的这一生中，我利用发生的事情来改变我的人生剧情，这样，同样的事情就不会再发生在我身上。看起来，同样的事情确实会不断发生，触发我们内心同样的情绪，直到我们和它们成为朋友。我们的态度可以是，我们又获得了一次机会，而不是又拿到了一手差牌。

停下来和你现在的感受联结一小会儿，无论那是什么样的感受。如果在此之前，你可以先回想正在烦扰你的事，帮助将更大。如果你可以与忧虑、绝望、焦躁、怨恨、义愤或者贪爱等感受建立联结，会更有助益。

触摸本质、情绪，身体觉受一小会儿或更久一些，而不生起故事情节。这种不自在的体验，这种熟悉的身体觉受，就像你的胃部有胀气，让你的身体和脸紧绷，可以造成身体上的疼痛——这种经历本身不是问题。如果我们对这种情绪反应感到好奇，如果我们可以放松地感觉它，如果我们能够全然感受它，顺其自然，那就没有问题。我们甚至可以只将它体验为一种冻结的能量，但它的真正本质是流动的、动态的、具有创造性的，它不过是我们无法抓住无从解释的一种觉受。

我们反复经历的痛苦不是来自这种不自在的觉受，而是来自接下来要发生的事情，我一直称之为遵循自动运作模式、逃避与失控。它来自我们拒绝自己的能量，当我们不喜欢某种能量时，我们会抗拒它。它来自我们那不断强化的执着、憎恶与自我疏离的习性。它更来自我们的内在对话——我们的评判、修饰和贴标签。

但是，如果我们选择的修行是意识到它，停下来与这种能量同在，然后继续前行，那就不仅能削弱那些老旧的习惯，还能将这些习惯形成的偏好完全摧毁。这样生活的真正奇妙之处在于，它为远离自我耽溺的全新体验留下了广阔的空间。此时此地，我们就可以从一个更加开阔的角度来生活，它接纳一切体验——愉悦的，痛苦的，中性的。我们尽情地感激永远都有无限的可能性，尽情地认识人们心中天生本具的开放、智慧和温暖。

如果关于 shenpa 的教诲能引起我们的共鸣，我们也开始在自己的修行和日常生活中开始修习这些教义，那么我们很可能就会开始问一些真正有价值的问题。不是去问怎样才能摆脱我那不好相处的同事，也不是去问怎样报复我那爱骂人的父亲，我们也许开始想弄清楚：怎样才能从根本上解除自己的痛苦。我们也许想要弄清楚：怎样才能学着识别自己陷进去了；怎样观察自己的所作所为而不感到绝望；怎样才能找到一些幽默感，一些温柔；怎样才能够放手而不认为自己的问题有多了不得；害怕时，什么能帮助自己活在当下。

我们也可能问，鉴于自己目前的情况，应该和这些让人不舒服的感觉共处多久呢？这是一个好问题，却没有正确答案。我们只要习惯回到当下真实的状况就好，持续一秒，一分钟，一小时，顺其自然就好，不要把这当成一场耐力测验。光是停下来呼吸两三次就是一个绝佳的活在当下的方法，就是在好好利用生命。这确实是在很好地充满愉悦地利用生命。我们可以学习接纳当下，仿佛它是我们邀请来的，而不是变得越来越擅长逃避它。我们可以学着与它一起工作，而不是去抵抗它；把它当成我们的盟友，而不是敌人。

这是一个持续进行的过程，是一个显露我们天生本具的开放、智慧和温暖的过程。我发现，如同我的上师们一直告诉我的那样，我们已经具足自己所需要的一切。我们始终拥有智慧、力量、信心与醒觉的心灵和头脑，此时此地，一直如此。我们只是将它们呈现出来，重新认识它们。并不是我们发明了它们，或者从别的地方将它们引介过来，它们就在那儿。这就是当我们觉得自己深陷黑暗时，会突然云开见日的原因。不知何故，我们又高兴起来，或者放松下来，或者感受到自己心灵的广阔。这是其他任何人都无法给予你的。人们会用教诲和修行来支持你、帮助你，就像他们曾支持我、帮助我那样，但只有你自己才能感受到自身的无限潜力。

我的情况是，我依照传承接受的训练是，虔敬上师是一种与开放和温暖建立联结的重要方法。只要上师在，就可以拨云见日。我感到上师们会做任何事来帮助我，就像他们的上师会做任何事来帮助他们那样。然而，上师教导我们永远也不要依赖他们。上师的任务是让我们不再依赖他们，让我们完全弃绝依赖，帮助我们最终成长起来。

这是智慧与智慧的共振，我们的智慧与上师们的智慧共振。如果我们在生活中运用那些教诲，遵循他们的教导修行，我们就能体悟到他们已经体悟到的。我们虔敬一位上师，与这位上师的生活方式和世俗成就无关。我们需要与之共振的是他们的心灵境界和内在品质。说到我的根本上师，他的行为举止如此出人意表，以至于我完全无法效仿他。但我确实在以他的生命之道为榜样。他以身教表明，我们可以无畏地唤醒自己，也可以彼此鼓励，变得清醒明智起来。

当然没有一个简单的答案能够教我们如何摆脱痛苦，但上师们竭尽所能地引导我们，给我们心灵修持的工具箱。这个工具箱里装着一些有用的、彼此相关的教诲和修行方法，也介绍了一种绝对的实相观：那就是念头、情绪和shenpa并不像它们看起来的那样坚固。其中既能体现相对性，也能体现绝对性的主要工具是坐禅，特别是按照我的根本上师教导我们的那样来坐禅。他说基本的修行就是全然活在当下，并强调要允许自己为烦恼留出空间，让它浮出水面。他说，这可不是“向愤怒请个假”。

他强调这项基本的修行揭示了不带任何念头地全然向实相敞开之道。这一教诲可以概括为，不断回到对当下的呼吸、情绪或其他禅修目标的体验上，允许自己放松下来，无条件地欣赏世界与自身。他教我们如何对待恐惧、痛苦和没着没落的感觉：去迎接它们，与它们同在，而不是将自己分裂为两半，其中的一半排斥或者评判另一半。他教我们呼吸之道：轻轻地触碰它们，然后放开。他教我们对待念头也是如此：任由它们消失在空中，无须将修行变成自我提升方案。

这里提到的对待修行的态度是放松的。我们只需坐下来，不带任何想要努力达至更高境界的意图，没有目标，无须尝试平静下来或丢掉所有的念头。我们只须谨守这些教诲：舒服地坐着，睁开双眼，清晰而轻轻地觉知禅修目标（并非高度专注），当心散乱时，就轻轻地回来。无论发生什么，都不祝贺或者责备自己。人们经常用老人的形象来表现这种状态，他坐在阳光下看孩子们玩耍，一副没什么要做的样子。

在这个过程中，保持耐心、给自己足够的时间自然是明智之举。这就好像我们终生都在踢一个转动的轮子，它有自己的动力。轮子转得很快，现在我们终于要来学习怎么停止踢它了。我们可以预料，这个轮子还会继续转一段时间，不会突然停下来。许多人发现自己正处于这种状况：我们已经停止踢轮子了，并没有一直在强化那个习性，但我们处于一个有趣的中间状态，既不会老是陷在其中，也无法始终不咬钓饵。这就是“灵性道路”。实际上，这条道路就是全部。我们每时每刻如何看待当下发生的一切真的就是全部。我们不再希冀取得什么成就，在这个过程中，我们只是学习欣赏活在当下意味着什么。

几年前，我被一种深度焦虑压垮了，那是一种原始的、强烈的焦虑，其中并没有任何故事情节。我觉得非常虚弱，非常害怕，也非常难受。我坐下来，与它一起呼吸，在它里面放松，与它同在，恐惧并没有消退。它持续了许多天。我不知道该怎么办。

我去见我的印度上师，他说："噢，我了解那种情况。"这让我安心了许多。他给我讲了自己陷于同样情境的生命阶段。他说，那成了他旅途中的一个重要部分，也成了他的一位好老师。然后，他做了件改变我修行方式的事情。他让我描述当时的感受。他问我是在什么地方感觉到它的，它是否带来了身体上的痛苦，它是热的还是冷的。他让我尽可能精准地描述身体觉受的特质。这样仔细地探索了一阵以后，他高兴地说："安妮·佩玛，那是空行母福赐。那是一种高层次的灵性福佑。"我差点从椅子上摔下来，心想："哇，太棒了！"我等不及要再体验那种强烈的感觉了。你知道后来发生了什么吗？我急切地坐下来修行，当然，因为对抗消失了，焦虑也消失了。

我现在知道，在语言无法表述的层面上，我曾非常憎恶自己的感受。我一直认为那种身体觉受很糟糕。基本上，我只想让它赶紧消失。但是，当我的上师说那是"空行母福赐"的时候，我看待它的方式完全改变了。那就是我所学到的：对自己的痛苦和恐惧感兴趣。移近一些，靠近一些，好奇一些，甚至留出一段时间来体验那些感受，超越标签，超越好与坏的评判。欢迎它们，邀请它们，尽可能不去抗拒它们。

下次当你失去勇气，不能忍受自己体验到的感受时，也许可以回想一下这个教诲：改变你看待它的方式，靠近它。这基本上就是我的印度上师教导我的，现在我把它传授给你。我们不要去责备外在环境和自身的弱点，让自己感到不自在。相反地，我们可以选择活在当下，对自己的经验保持觉知，不抗拒，也不执着，不买我们残酷地告诉自己的那些故事的账。这是一个无价的教诲，指出了我们受苦——你的苦，我的苦，众生的苦——的真正原因。

7

欣喜于事物原本的样子

7 欣喜于事物原本的样子

我们一旦看清自己的所作所为，看清老旧的习性是如何让自己上钩和失控的，通常都会感到沮丧，觉得自己很糟糕。我们原本应该意识到，能够诚实地观察自己有多么了不起，那是需要勇气的。那是将生命看作一位老师，而不是一个负担。从根本上说，这是指学习活在当下，但是要带着幽默感来学习，要带着对自身和外在情境的慈悲来学习，要学习对诚实的自省的奇妙之处充满喜悦。我的根本上师称之为“和我们自己做朋友”。这种友谊是建立在“了解自己的每一个方面，却毫无偏见”之上的。这是一种无条件的友谊。

学习停驻是联结天生本具的温暖的基础，也是爱自己和慈悲的基础。你越能和自己停驻在当下，就越能意识到众生所面临的问题。其他人和我一样会感到痛苦，希望它离开。他们和我一样，应对的方式让事情变得更糟了。

我们开始能够看到 shenpa 的连锁反应，这个成就似乎并不能让我们产生优越感。相反，这种洞察力可能会让我们变得谦卑，使我们对他人的迷妄更有同理心。当我们看到别人也上钩，也失控时，我们更有机会认出彼此的相同之处，而不是不自觉地感到恼怒。我们无疑都在同一条船上，认识到这一点能使我们变得非常慈悲、宽容。

在佛法关于慈悲的教导中，有一项修行叫“朝发愿，暮反省”（one at the beginning, and one at the end）。我早上醒来时就做这个修行，我为当天发愿。比如，我可能会说：“今天，愿我一上钩就能察觉”或者是“愿我不会出于愤怒而说出什么话，做出什么举动”。我尽量不期许过高，比如“今天，愿我能完全摆脱烦恼”。我以一个清晰的意图开始新的一天，然后整天我都会将之铭记在心。

晚上，我反省那天所发生的事情。这对西方人来说是一个非常沉重的负担。我们有一个让人感到遗憾的习性，那就是我们会强调失败。但我的印度上师告诉我们，对他而言，一整天当中，哪怕发现自己只短暂地实现了一次发愿，他也会感到喜悦。他还说，当他发现自己完全没有做到时，他很高兴自己能够看到这一点。这种自我审视的方法，非常让我鼓舞。

他鼓励我们自问，我们内在的什么最终让我们意识到自己没有做到。难道不就是我们自己的洞察力、判断力和天生本具的智慧吗？我们是否可以只是发愿能觉察这种能看出自己伤害了别人的感情，或说了不吸烟却又食言的智慧？我们是否可以发愿，越来越能觉察自己在做什么，而不只是觉察自己做错了什么？快乐的根本是我们看到了什么，而不是对看到的东西感到绝望。这是对慈悲的自省建立信心的根本，而不是因此而感到沮丧。

能够注意到shenpa，能意识到自己正陷在其中，就是解脱的基础。只要能意识到正在发生什么，而不去否定它，我们就该为此感到喜悦。然后，如果我们能再走一步，忍住不走那条同样的老路——我们有时候能做到，有时候做不到——我们就可以欣喜于自己有时候确实有能力打断那个动力系统——“有时候”是很大的进步。

我们可以因为能够认出shenpa并有所节制而喜悦，但也应该意识到，它还会反复。有时候，前进一步，又退了回来；有时候，可能前进一步，后退半步。当人们参加瘦身项目时，会被告知他们的体重并不会总是持续下降，中间会出现波动。人们建议这些人对瘦身要有耐心，体重增长超过一周并没有什么。他们会请你从一个更宏大的视角来看待这个问题，将注意力放到一个月之后或者数月之后，看那时候会发生什么。

我们根除那些根深蒂固的习性时，也是如此。我们慈悲地意识到人们会反复。我的根本上师对此曾有过教诲。他说，如果我们一帆风顺，能够持续地抛弃自己的惯常模式，一周又一周过去了，都没有反复，我们就可能会对那些仍陷在其中并将之表现出来的人们毫无同理心。

他说理想的灵性旅程需要在“辉煌”与“苦难”之间保持平衡。如果都是辉煌，只是一个胜利接着一个胜利，我们就会变得极为傲慢，完全体会不到别人的痛苦。另一方面，如果都是苦难，我们也从未获得任何洞见，从未体验过喜悦和鼓舞，我们就会感到非常沮丧，以至于放弃。所以，需要平衡。但是作为人类，我们倾向于过度强调苦难。

比如，当我们反省自己的一天时，通常都会觉得它很黯淡，仿佛什么都是一团糟。但是如果有其他人在场，比如一位伴侣，他或者她会说：“你不是情绪非常激动，出去散步回来以后就平静下来了吗？”或者“我看到你朝那个坐在角落里蜷成一团、非常沮丧的男人笑了，我看到他快活起来了。”有时候，不得不由别人向我们指出这一点。

在绝大多数平常的日子里，我们有高兴的时刻，感到自在和快乐的时刻，看到一些让我们愉悦或感动的事物的时刻，感受到内心的温柔的时刻。我们可以因此高兴起来。我发现，在一天当中，当我感到快乐或者当什么正面的事情发生时，我居然注意到它们，并开始珍视这些珍贵的时刻，是非常重要的。渐渐地，我们开始珍视自己人生原本所是的样子，它的起起落落，它的成功失败，它的艰难和顺遂，都是十分珍贵的。

在我们走上这趟“一上钩就察觉”的旅程之前，各种小事情总是不知不觉就触发我们。最轻微的挫折和烦恼都会触发我们，我们对发生的事情一无所知。生命日益成为一场挣扎，我们却始终弄不清原因何在。

一旦我们开始觉察，我们当然仍然会被触发，但这里有一个非常重要的不同：辨识的魔力，慈悲的认知所带来的奇迹。那是有所觉察的奇迹，而不是无意识的奇迹。我们越多地运用觉知，我们的觉知能力就会越强。那不是我们必须强求的东西。它是自然发生的，当自欺减少时，我们觉知世人的快乐和悲伤的能力也会增强。

对自己的所作所为感到愧疚并无助益。当我们能带着慈悲来关注自己的行为时，会发生一种有趣的转变，我们的懊悔会变成一颗对众生慈悲的种子。众生和我们一样有一颗僵固的心，封闭的心，冷酷的心。这种认知将我们和其他人联结起来。我们让它成为同理心的种子，迈步向前，不再因自己的所作所为而沉溺在内疚与羞愧当中。

在《幸福的艺术》（*The Art of Happiness*）中，霍华德·卡特勒问一位上师，在他的一生中是否做过什么事让他感觉糟糕，是否做过什么事让他感到懊悔。那位上师说有，他讲了一个故事：有一天，一位比他年长的比丘来看他，问起一种高层次的佛法修行。他随口告诉这位老比丘，这种禅修不容易，也许由比他年轻的人来修习要好些，一般来说，那是一种由十多岁的孩子开始修习的禅修。他后来发现这位比丘自杀了，这样他就能获得一个年轻的身体来更有效地进行这项修行。

卡特勒非常震惊。他问那位上师是如何处置他的懊悔的，又是如何摆脱它的。那位上师停顿了很长时间，认真地思考着。然后，他说："我没有摆脱它。它还在。"他接着说："虽然那种懊悔的感觉还在，却没有沉重感或拉扯的特质。"

我大为感动。我们有一种错误的观点，认为我们要么感到懊悔，要么就摆脱它。我的根本上师曾说过，在内心保留生命中的悲伤时，永远不要忘记世界的美丽和活着的美好。

我们的心终究是能够为自己的痛苦、懊悔和他人的痛苦所触动，而不感到沮丧的。那位上师接着说，因为悔恨而沮丧沉沦，或者为它所牵制，对谁都没有好处，于是他从自己的错误中学习，继续尽其所能地帮助他人。我认为他自身应对挑战的方式，就证明了他是一位伟大的老师。并非没有任何东西能触动他，并非没有悲伤也没有悔恨，但他没有将它们变成我们所称的“内疚”或者“羞愧”，并沮丧沉沦，对自己和他人都产生一种无力感。

也许并非只有那位上师这样的人才可能做到这一点。它每时每刻，每一天都在等待着我们每个人。当我们回顾过去的一刻，过去的一个小时，过去的一天，如果我们一上钩就能觉察到，并打断那种动力系统，如果这是真的，即使时间很短，都值得欣喜。如果我们没有意识到正在发生的事情，再次按照熟悉的旧模式行事，我们也可以欣喜于自己有能力、有智慧保有觉察，竟然能够认出它们，并迈步向前——也许对犯错和故态复萌更有觉知，对待它们也会更为明智，更为慈悲。

8

显露天生本具的开放

没有什么是静态和永恒的，包括你我。我们知道小车、地毯、新衬衣和DVD播放器是这样，但一旦对象变成我们自身和其他人时，我们就不那么乐意正视这个事实了。我们对自己和他人抱着非常固定的看法。然而，如果我们仔细观察，我们就会发现自己一点都不固定。实际上，我们和江河一样变化不定。为了方便起见，我们给那不断流动的水流贴上标签，称为密西西比河或尼罗河，正如我们把自己称为杰克或海伦一样。但江河每一秒的任何一刻都不一样。人们也在不断变化，我是这样，你也是这样。我们的念头、情绪、分子都在不断地变化。

如果你想练习向任何出现的事物——生命能量、其他人、这个世界——全然开放，并与之同在，过一会儿，你就会发现自己能够对变化的事物敞开，并与之同在。比如，如果你真正对别人敞开和接纳，你就会发现，他们在周五和周一时并不完全一样，我们每一个人在一周中的任何一天都可以看成是崭新的。但如果那个人碰巧是你的父母、兄弟姐妹、伴侣或老板，你经常就会盲目地认为他们始终是一样的，是我们可以预知的。我们喜欢互相贴标签，那是一个让人不快的人，一个令人讨厌的人，一个会威胁我们幸福和安全的人，一个比我们差或者比我们强的人，这种情形绝不仅限于我们家庭或工作的熟人圈子。

这种贴标签的行为会造成偏见、残酷和暴行，而什么时候什么地方出现了偏见、残酷和暴行，无论是一个人指向另一个人，还是一个群体指向另一个群体，都会有一个主题贯穿其中：“这个人有一种固定特质，他和我不同。”我们可以杀死某人或者对发生在他们身上的暴行无动于衷，因为“他们不过是哈吉”，或者“她们不过是女人”，或者“他们不过是同性恋者”。我们可以用任何种族诽谤、任何使用过的人格侮辱标签来填这个空，指代那些我们认为与自己不同的人。

我们可以用一种完全不同的方式看待彼此，那就是试着放下我们的成见，对没有任何事物、任何人始终不变的可能性保持好奇。当然，这是一个开始，我们开始变得好奇，并放下我们创造出来的自我设限的故事情节。然后，无论发生什么，我们都活在当下，与之同在。我发现很有助益的是，将自己感受的一切，无论是悲伤、愤怒、难过、愉悦、欢乐还是欣喜，仅仅看作是正在呈现的不断变化、流淌的生命能量。这使我不再抗拒自己的感受。我修习这种方法已经有些年头了，渐渐对众生所具有的开放的接纳能力、醒觉和高贵变得有信心起来，也注意到人们怎样看待和对待彼此可以将这种高贵引发出来。

在迈克尔·纳格勒所著的《寻找非暴力的未来》（*The Search for a Nonviolent Future*）一书中有一个故事说明了这一点，那是关于一对犹太夫妇迈克尔·魏瑟尔和朱莉·魏瑟尔的故事，他们险些成为偏见和暴力的牺牲品。魏瑟尔夫妇住在内布拉斯加州的林肯市，迈克尔在犹太教中地位突出，朱莉是一名护士。他们从 1992 年开始收到来自三 K 党的威胁电话和便条。当然，当时在这个城镇这是不合法的，也是不可饶恕的，但它依然发生了。警察告诉他们，那可能是小镇上三 K 党的首领拉里·特拉普做的。迈克尔和朱莉听说过特拉普的名头，知道那是一个内心充满仇恨的人，他们知道他坐轮椅，因为多年前受到痛殴而身体残疾。

拉里每天都会打电话过来，扬言要杀掉他们，毁掉他们的财产，伤害他们的家人和朋友。有一天，迈克尔在朱莉的支持下决定做些什么。在下一通电话中，他在拉里·特拉普向他们咆哮的间隙，逮住了一个说话机会。他知道坐在轮椅里的特拉普行动不便，于是当他能插上话的时候，就主动提议开车捎他去杂货店。特拉普有一会儿没说话，当他再度开口时，声音里的愤怒消失了。他说："嗯，已经有人要带我去了，但还是谢谢你的提议。"

那时候，魏瑟尔夫妇考虑的已经不只是结束这种骚扰了，他们想要帮助拉里·特拉普从愤怒和偏见中解脱出来。他们开始给他打电话，告诉他如果需要帮助，他们随时愿意效劳。那之后不久，他们去了他的公寓，给他带了一顿自家做的晚餐，三个人对彼此的了解多了一些。而特拉普确实开始向他们寻求帮助。有一天，当他们来拜访他时，特拉普脱下自己戴的那枚戒指，递给他们。那是一枚纳粹戒指。他这么做是表明自己正在脱离三K党，他告诉魏瑟尔夫妇："我谴责他们所代表的一切。但我并不恨组织里的任何人……如果我说我恨所有的三K党人，只因为他们是三K党人……我就仍然是一个种族主义者。"拉里·特拉普没有用一种偏见来替代另一种偏见，他选择全然放下所有狭隘的想法。

我们每个人都和拉里·特拉普一样有自己的偏见，当它生起时，我们通常会将之合理化。我们对于"他们"的固定看法很快就会出现，这些固定看法一再给我们带来巨大的痛苦。这是一种非常古老的习性，一种极为有害的习性，一种人们感觉到威胁时通常会做出的反应。我们可以慈悲而开放地看待这个习性，但不应该继续强化它。相反，我们应该承认我们的恐惧和愤怒的巨大能量——这种能量就是我们能够感知的一切——是生命的自然律动，进而熟悉它，与它同在，既不压抑，也不将之表现出来，不让它摧毁自己和他人。这样，我们所经历的一切都能成为我们接触自身本初善的绝佳机会，也为敞开和接纳流动的生命能量提供了绝佳助援。这个观点听起来显得有些激进，但我知道那是真的，如果不引发 shenpa 的连锁反应，什么都不会发生。我们经历的任何事情不管多么困难都能成为觉醒的开放通道。

有时候在真正危险的情境下，也许我们不能说很多或者做很多来帮助他人，但我们可以始终练习活在当下，不去咬钓钩。我最近收到我的朋友贾维斯·玛斯特斯的一封信，他是一位死刑犯，他在信中告诉我，很多时候，监狱的暴力气氛如此强烈，他唯一能做的就是不伤害别人，不受攻击的力量所引诱。不是所有的故事都有圆满结局。

如果你的工作是与残暴的人互动，你就明白要想不去咬钓钩并不那么容易。我们可能会问："如何才能不带偏见地尊重那些与我们意见不同的人？""如何才能比成见看得更深，听得更深？”“如何才能将那些充满暴力、伤害别人的人，看成是像我一样活生生的有感觉的人？”我们知道，如果我们带着自己封闭的心灵与头脑以及预先的成见来与人接触，我们就永远都无法进行真正的交流，而且我们很容易就能让情况变糟，带来更多的痛苦。

在所有的仇恨之下，在所有残酷的言行之下，在所有不把人当人看的行为之下，总是存在着恐惧——全然没有根基的恐惧。这种恐惧还有柔软之处，它还没有冻成冰。虽然我们不喜欢恐惧，它倒也不一定会带来攻击，以及伤害自己和别人的欲望。当我们感到恐惧、焦虑和任何没有根基的感受时，或者当我们意识到恐惧已经让我们上钩（“我要报复”“我得回到自己的瘾头上去以避开这种情况”），我们可以把那个时刻看成中性时刻，一个能走向任何一条路的时刻。我们任何时候都可以去选择。我们是回到老旧的具有破坏性的习性中去，还是将感受到的一切都当作与生命建立新关系的机会和助援呢？

基本的觉醒，也就是天生本具的开放，一直都在。开放是不需要制造的。当我们停下来，接触到那一刻的能量，当我们慢下来，留出空隙，原本就存在的开放便降临了。并不需要特别的努力，它任何时候都在。正如我的根本上师所说的那样："开放就像风。只要你打开门窗，它自会进来。"

下一次，当你情绪激动的时候，试着看看天空。如果你家里或者办公室有窗的话，走到窗前，抬头看看天空。我读过一篇采访，一位"二战"时被关在日本集中营的男士说，他因为望着天空，看到云仍然在飘浮，鸟依然在飞翔，而挺了过来。这也让他相信，尽管见了那么多暴行，但生命依然美好。

当我们深陷其中时，通常过于沉浸于自己的故事情节，从而丧失了洞察力。当我们发现自己陷入痛苦的情境，无论是在家里，在工作中，在监狱里，在战争中，我们的视野通常会变得十分狭隘，甚至极为微小。我们有自动转向内在的习性。花一点时间看看天，或者花几秒钟和流动的生命能量同在，这样能扩大我们的视野——宇宙是辽阔的，我们只是空间中的一个小点，这无始无终的空间总是向我们开放的。然后，我们也许会意识到自己的困境只是暂时的，我们可以选择强化老旧的惯性反应，也可以选择放开它。敞开和接纳发生的一切，始终比情绪激动、给这颗星球带来更多攻击性、给空气增加更多污染，来得重要。

发生的任何事情都是我们转变上钩、情绪激动、关闭心灵与头脑等基本习性的大好时机。我们所觉察、感知和思考的一切都能为我们提供绝佳的帮助，促使我们变得开放。天生本具的开放具有一种力量，能为生命提供意义并激励我们。只要你在某一刻意识到天生本具的开放是在的，慢慢地你就能意识到天生本具的智慧和天生本具的温暖也是在的。这就像打开了一扇通往无垠、永恒，找到自身所在的魔法之门。

当你清晨醒来，甚至连床都没起的时候，即使你所在之处让你感到恐慌，或者感觉一成不变、无聊之极、了无生趣，你都可以看着外面，有意识地做三次呼吸。就待在那儿。当你排队等候的时候，给自己散乱的心留出一个空隙。你可以看着自己的手并且呼吸，你可以望着窗外，或者沿街看去，也可以仰望天空。无论你是望着外面，还是全神贯注于某个细节都不要紧。你可以将这一体验与全然陷在其中比较一下，把它看成戳破一个泡泡，持续那么一会儿，然后继续做你的事。

禅修时，你一意识到自己在思考，就放开那些念头，这样开放就会显现出来。我的根本上师称之为“从固执的心中解放出来”。每当你呼气时，开放就会显露出来。任何时候，你都能将注意力放在直接体验上，你可以看着地板或天花板，或者只是感觉你坐在椅子上的臀部。你明白我的意思吗？你可以就在那儿。不要心不在焉，不要深陷其中，不要聚精会神地思考、计划、担忧——陷在自己的茧中，与自己的感觉、听觉与视觉隔绝，与当下的魔法和魔力隔绝——你可以选择停下来，而不必陷在其中。当你在乡村、城里或者任何地方散步的时候，不时停一停。在你的生活中插入一些这样的时刻。

在现代生活中，我们很容易损耗殆尽，尤其是电脑、电视和手机，简直在催眠我们。只要我们处于自动运作模式，只是绕着自己的念头和情绪跑，就会为它们所击垮。无论我们是在安静的禅修中心，还是在世界上最忙碌最耗费人心力的地方，我们在任何情境下，都可以留出空隙，让天生本具的开放显露出来。我们可以一再留出空间，让自己意识到我们身在何处，我们的心灵有多么广阔。找到一种慢下来的办法，找到一种放松心灵的办法，经常那样做，一有机会就那样做，整天那样做，不光是你上钩时那样做，任何时候都那样做。

关键在于我们当下就能和生活原本的样子建立联结，而不是等以后事情改善了再说。我们永远可以与自己内心的开放建立联结。我们利用每一个日子来觉醒，而不是沉睡在过去。试试这种方法。承诺在一天当中停下来，任何能停下来的时候就这么做。留出时间来改变观点，体验此刻呈现的自然生命能量。这会为你的生活带来巨大的改变。如果你担心世界局势，这是一种你可以利用每一个时刻来促成转变的方法，将攻击转化成和平。

9

痛苦的价值

在明白天生本具的温暖究竟是什么之前，我们通常都经历过失去。我们长年累月地靠习性推动度日，认为生命理所当然就是这样。然后我们或者我们珍爱的人出了意外或患了重病，那就像蒙在我们眼睛上的眼罩被摘下了。我们意识到自己做的许多事情都是无意义的，自己固守的许多东西都是虚妄的。

我母亲去世之后，我被叫去检视她的私人物品，这一觉知猛烈地冲击着我。她保存着许多盒她珍爱的物件和小饰品，她搬过很多次家，每一次搬的寓所都更小一些，她始终带着这些物件。对她来说，它们代表着安全和舒适，她没法割舍。现在它们对任何人来说都只是一盒盒没有意义的东西，代表不了安全和舒适。对我来说，它们只是空洞的物品，但我的母亲依恋着它们。看出这一点让我感到难过，也使我深思。自此以后，我再也不能用同样的方式看待自己珍视的物品了。我只是按照事物本来的样子看待它们，既不珍贵，也非没有价值，所有那些标签，我们关于它们所有的看法和判断都是武断的。

这个体验揭示了基本的温暖。失去母亲以及如此清楚地看出我们强加给世界的判断、价值、偏见、喜恶，这种痛苦让我对人类共有的困境产生了巨大的悲悯。我记得我曾对自己说，世界是由像我这样的人组成的，我们无事找事，庸人自扰。

当我的第二段婚姻破裂时，我尝到了苦涩的悲伤，全然没有根基的悲哀的滋味，而所有以前我努力维持的保护罩都粉碎了。使我感到惊奇的是，在这种痛苦中，我对其他人产生了一种毫无机心的温柔。我记得我对那些我在邮局或杂货店遇到的人产生了一种全然的开放和温柔。我发现自己开始去接近我所遇到的人，他们和我一样——全然活着，完全有可能卑劣或善良，跌跌撞撞，跌倒了，又爬起来。我以前从没有和陌生人这样亲密过。我可以望着店员、汽车修理工、乞丐的眼睛，感受到我们的相同之处。不知为什么，当我心碎的时候，天生本具的温暖，像友善、同理心和感激这样的本性就自然显现了。

人们说，那就像纽约在“9·11”之后的几周。当人们所认识的世界崩塌时，整个城市的人都相互支持，相互照顾，毫无障碍地注视彼此的眼睛。

危机和痛苦常常让人们联结上爱和彼此关怀的能力。同样常见的是，这种开放和慈悲很快就会消退，人们又害怕起来，比从前更为防范和封闭。那么问题不仅仅是如何找到我们固有的温柔和温暖，还包括如何与脆弱同在，如何与经常让人苦乐参半的脆弱性同在。我们怎样才能放松下来，并向不确定性敞开呢？

我第一次遇见我的印度上师时，他告诉我痛苦的价值。他在北美生活和教学十余年，渐渐意识到他的学生们对佛法和修行的理解都停留在肤浅的层面上，直到他们体验到无法摆脱的痛苦时，这种情形才有所改变。之前，佛法对他们来说不过是娱乐，是用来浅尝和放松的东西，但当他们的生活崩坏时，佛法和修行对他们来说，就变得像食品和药物一样重要了。

当我们体验的痛苦中包含着一切心的特质：各种形式的爱、慈悲、感激、温柔时，天生本具的温暖就会显现出来。它也包含孤独、悲伤和恐惧的震颤。在这些脆弱的感受变硬之前，在故事情节开始运作之前，这些我们通常不想要的感受中孕育着友善、开放和关爱。这些我们非常擅长逃避的感受能使我们变柔软，并转化我们。天生本具的、温暖的那种真诚坦率有时令人愉悦，有时则让人不自在，比如“我想，我喜欢”，“我不愿意，我讨厌”。修行是当让人感觉不自在的温柔升起时，练习不自动逃离。久而久之，我们能够像拥抱让人感觉自在的温柔那样拥抱它，那种让人感觉自在的温柔来自慈悲和真正的感激。

一个人做了某件事，从而产生了不想要的感受，然后如何呢？我们是开放还是封闭？通常，我们会不知不觉地封闭起来，然而如果没有故事情节来加深我们的不自在感，我们还是能轻易地触及自己的内心。就是在这个时候，我们能意识到自己正在封闭，允许自己停下来，留出能够发生改变的空间。吉尔·博尔特·泰勒在《奇迹》(*My Stroke of Insight*)一书中指出，科学证据表明任何特定情绪的生命周期只有一分半钟。此后，我们得重新唤醒这种情绪，它才能持续下去。

这个过程通常是这样的，我们通过内在对话来喂养情绪，说别人是让我们不自在的源头，从而自动唤醒它。也许我会冲他们或者其他人发作，这都是因为我们不想走近我们正感觉到的不自在感。这是一个非常古老的习性。它会遮蔽我们天生本具的温暖，让像你我这样具有同情心和洞察力的人丧失辨识力，彼此伤害。当我们憎恶那些激发我们的恐惧和不安全感的人，那些给我们带来不受欢迎的情绪的人，将他们看成是让我们不自在的唯一原因时，我们就会不把他们当人，贬低他们，虐待他们。

意识到这一点以后，我就非常有动力去做相反的练习。我并不总是能成功，但是年复一年的练习，让我对放下故事情节越来越娴熟，我也相信自己有活在当下、接纳别人的能力。想象过你我余生都这么去做吗？想象过我们每天花些时间将自己所见到的人作为关注的焦点，并真的对他们产生兴趣吗？我们可以看着他们的脸，注意他们的衣服，望着他们的手。我们有那么多机会这么做，特别是住在一个大镇子或者城市里的话。我们匆匆经过许多乞丐，他们的困境让我们感到不自在。很多人在街上与我们擦肩而过，在公交车上和等候室里坐在我们旁边。当有人给我们包食物，量血压，或者到家里来修理漏水的水管时，这种关系变得更为亲密。还有那些在飞机上坐在我们身边的人。想象你坐在“9·11”撞毁的飞机中的一架上，和你同机的乘客将成为你生命中非常重要的人。

我们可以赋予大街上遇到的人以人性，来作为一种日常修习。当我这么做的时候，陌生人对我而言，变得非常真实。他们变得清晰起来，是像我一样活生生的，有欢乐、有悲伤的人。他们也像我一样有父母，有邻居，有朋友，有敌人。我也开始对自己不知何故突然对那些未曾谋面的普通人产生恐惧、评判和偏见更为觉知。我意识到我与这些人之间的共同之处，也意识到是什么遮蔽了这种洞察力，让我感到孤立。这种修习能够提升我们对自身力量和迷妄的觉知，将我们天生本具的温暖显露出来，让我们更贴近周遭的世界。

当我们走到另一个方向，当我们只关注自己，当我们对自己的感受没有觉知而盲目地去咬钓钩的时候，我们就会陷入由 shenpa 激发的僵化的判断和成见之中，对所有威胁我们的人封闭内心。举一个常见的例子，你怎么看抽烟的人？我发现没有多少人，无论是抽烟的还是不抽烟的，在这个问题上能完全不受 shenpa 摆布。有一次，我在科罗拉多州博尔德的一家餐馆里，一位欧洲来的女士不知道室内禁止吸烟。餐馆原本闹哄哄的，充斥着谈话声和笑声，她点烟时火柴的摩擦声使整个屋子都静了下来。你可以听见自己的呼吸声，屋子里的义愤是显而易见的。

我认为即使我向人们指出，在世界上许多地方并不对吸烟持负面看法，让他们感觉不舒服的真正原因不是这个吸烟者，而是他们充满 shenpa 的价值判断，那也不会有什么效果。

如果我们将困境当作增长勇气、智慧、耐心和慈悲的机会，如果我们对上钩越来越有觉知，并且不去继续加深它，那么我们个人的痛苦就能和别人的不幸与愁苦联结起来。我们认为问题所在之处现在成了慈悲的源头。最近有个男人告诉我，他终生都将致力于帮助性犯罪者，因为他了解他们的情况。他在十多岁的时候性侵过一个小女孩。我还遇到过一位女士，她说自己小时候极端憎恨她的兄弟，以至于每一天她都在想如何杀死他。现在这让她能够慈悲地对待监狱里的少年谋杀犯。她能平等地对待他们，因为她了解他们的感受。

佛陀说，最可预测的人类痛苦是疾病和老迈。我已经七十多岁了，我太了解这一点了。我最近看了一部电影，讲的是一位心胸狭窄的七十五岁女性的故事，她健康恶化，家里人不喜欢她。她生活中唯一的善意来自于她那忠实的边境牧羊犬。我生平第一次认同了老妇人而不是她的孩子们。这是一个巨大的转变：一个充满理解的全新世界，一个充满同情和慈悲的新领域突然向我揭开了。

这就是个人痛苦的价值。我们能切身感受到我们都在同一艘船上，唯一有意义的就是彼此关照。

当我们感到恐惧，感到任何不自在，我们内在都能够和所有人的恐惧和不自在联结起来。我们可以停下来，触摸恐惧。我们能够触摸被拒绝的苦涩和被轻视的痛楚。无论我们是在家，还是在公众场合，是堵在车流中，还是在去看电影的途中，我们都可以停下来，看看周围的人们，认知到他们和自己一样有苦恼，有喜悦。他们就像我们一样，不愿意有身体上的疼痛、不安全感和被人拒绝。他们就像我们一样，想要被人尊重，身体感觉舒适。

当你触碰自己的悲伤、恐惧、愤怒和嫉妒时，你就触碰到了所有人的嫉妒，你也就了解了所有人的恐惧和悲伤。当你在夜里，因为焦虑的侵袭而醒来时，当你能充分体验它的味道和气息时，你就和所有人和动物共享着焦虑和恐惧。你的痛苦不只是你自己的，它将你和全世界处于相同困境中的人联结起来。故事是不一样的，起因是不一样的，但感受是一样的。对我们每个人来说，悲伤的味道都是一样的。对我们每个人来说，愤怒、嫉妒和让人上瘾的贪爱的味道都是一样的。同样，感激和善意也是一样的。世上有无数碗糖，但它们的味道都是一样的。

无论你感受到的是快乐还是不自在，体验到的是幸福还是苦难，你都可以看看其他人，对自己说“他们和我一样，不愿意感受这种痛苦”或者“他们和我一样，珍视这种满足感”。

当东西破碎了，我们无法让碎片复原。当我们失去了挚爱的东西，当整件事情都无法推动，我们不知道该如何去做的时候，就是等着我们去发现和拥抱天生本具的温暖所包含的温柔、同理心和良善的时候。我们有机会从自我保护的泡泡中挣脱出来，意识到自己从不孤独。我们有机会最终意识到无论我们去向何处，我们遇见的每个人本质上都是和我们一样的。如果我们面对自己的痛苦，它就能使我们向世界敞开，与它建立充满爱的关系。

10

无限的友善

10 无限的友善

我经常听一位上师说，对自己慈悲是发展出对他人的慈悲的基础。我的根本上师在谈到如何真正帮助别人，让他人受益却不打乱自己的安排时也这样教导过我们。他指出这个过程有三个步骤。第一步是慈（maitri），这是一个梵语词，意思是对众生的慈悲。但是，我的根本上师在这里用这个词来表达对自己的无限友善，这显然也自然会指向对他人的无限友善。maitri 也有信任自己的意思——相信我们能全然了解自己而不感到绝望，也不会因为自己所看到的而厌恶自己。

想要真正地帮助别人，第二步则是真心地交流。如果我们信任自己，就无须与他人隔绝。即使他们激起我们强烈的情绪，我们也不会退缩。有了这种敞开的能力，我们就能走到那并不容易做到的第三步：能够将别人置于自己之前，不期待任何回报地帮助他人。

建造房子从打下稳固的地基开始。同样地，希望帮助别人，也要从发展出对自己的温暖和友善开始。人们通常会对这种温暖和友善抱持扭曲的看法。比如，我们会说，我们必须照顾自己，但有多少人真正知道怎么去做呢？当执着于安全、舒适和躲避痛苦成为生活的中心时，我们便感受不到别人的关爱，自然也不觉得需要去关爱别人。最终我们感受到的威胁更多，人也变得更焦躁，更难以放松。

我知道很多人以照顾自己的名义，花了很多年时间来每天锻炼，做按摩，练瑜伽，忠实地吃一种又一种食物或维生素，追随各种灵性导师和不同的修行方式。然后有些糟糕的事在他们身上发生了，看起来经过那么多年，他们并没有增长应对那些事情所需要的内在的力量和慈悲，也没有提升帮助别人和环境的能力。如果只是为了自己而照顾自己，我们就永远也无法获得不可动摇的温柔和自信。那种温柔和自信是当一切都崩塌时，我们所需要的。当我们开始为自己发展慈悲，无条件地接纳自己时，就是真正在以一种有益的方式照顾自己。我们对自己的身心感觉更自在，对活在世间也感觉更自在。我们对自己越慈悲，对别人也就越慈悲。

我们寻求的安宁不是一遇到困难与混乱就崩塌的安宁。无论我们寻求的是内在的安宁还是世界的安宁，或者是两者兼而有之，体验之道都是建立在能够对生起的一切无条件地开放的基础上。安宁不是没有挑战、艰困与顺遂的体验，它是广阔到能够包容一切而不感到威胁的体验。

有时候，我会好奇自己在紧急情况下会如何反应。我听过一些人在紧急关头产生勇气的故事，也听过一些人在危急关头处理得很糟糕的故事，他们自己太害怕了，无法帮助处于危难之中的人。我们从来无法知道到底会发生些什么。所以，我会想，我在除了一点面包什么食物都没有的情况下会怎么做呢？我会分给挨饿的人吗？还是会都留给自己？当我在有些饿的情况下，即使只是有一点饿的情况下，考虑这个问题，都会让这个过程变得更真实。事实是，如果我把所有的食物都给别人，也许另一个人会感觉好一些，但我的饥饿感不会消失，我的身体肯定会感觉更糟糕。

一位上师有时候会提议一周中的某一天，或者一天中的某一餐不吃东西，借此来短暂地体会全世界挨饿的人的感受。我自己在练习时发现，这会带来恐慌和自我保护。因此，问题是我们怎么处理自己的痛苦，是敞开还是关上心扉。当我们感到饥饿时，这种不舒服会增加我们对挨饿的人和动物的同理心，还是增加我们对饥饿的恐惧，让我们变得更为自私？

通过这样的思考，我们就能全然真实地了解自己当下的状况，也会对下一年、五年之后，或者死去时希望自己是什么状况有所觉知。也许我今天很恐慌，一点面包屑都不想给别人，但也没有必要陷入绝望之中。我们有机会过上这样一种生活：恐惧和威胁感越来越少，越来越能够自发帮助别人，而不问"这对我有什么好处"。

一位五十岁的女士给我讲过她自己的故事。她二十五岁时遇上了坠机。她非常恐慌，急着在飞机爆炸前冲出去，没有停下来帮助任何人，最让她感到痛苦的是她没有帮助一个被安全带缠绕得动弹不得的小男孩。事故发生时，她已经是修行五年的佛教徒了。看到自己的反应，让她感到震惊。她深感惭愧，事故发生后的三年她都沉浸在深深的沮丧当中。但最终，这些悔恨和自责并没有让她走向自我毁灭，正是这些感受让她向其他人敞开了心扉。她不仅为了提升帮助他人的能力而投身灵性道路，还更切实努力地帮助处于危机中的人们。那场表面上的失败，让她变成了一个更有勇气和慈悲心的人。

佛陀在菩提树下证悟以前，经受过各种可能的引诱。他受到过欲望、贪爱、侵害、恐惧的事物以及所有使我们上钩并失去平衡的事物的攻击。他非凡的成就有一部分来自他全然活在当下，不为出现的任何事物所引诱。流传的故事版本是，无论出现的是恶魔，还是拿着武器的士兵，抑或是诱人的女子，他都无动于衷。然而，我总是想，也许佛陀在那个长夜确实感受到了情绪，但只是把它们看作正在穿过的动态能量。情绪和身体觉受生起又灭去，生起又灭去。它们没有引发连锁反应。绘画中经常把武器变成花朵来表现这个过程——佛陀坐在菩提树下，士兵向他射出数千支燃烧的箭，但这些箭变成了花朵。当我们让生生灭灭的能量穿过而不引发反应时，那让我们毁灭的就成了经过伪装的祝福。

很多年来，我一直想弄清楚一个问题：有这么多障碍，我们如何才能从自己当下的情况入手，发展出对自己无条件的接纳，而不感到内疚和沮丧呢？

我发现最有用的方法之一是修习慈悲安住（compassionate abiding）。这是一种将温暖带到不想要的情绪上的方法。这是一种直接拥抱自己的感受，而不拒绝它的方法。因此，当你下回发现自己又上钩时，不妨试一试这个方法。

与上钩的感受建立联结，吸气，完全接纳这种情绪，并向它敞开。可以深长而放松地吸气——任何能帮你感受那种情绪，任何能帮你不推开那种情绪的方式都可以。然后呼气，放松下来，给情绪一个空间，仍然与那些冲动而焦躁的感受同在，比如贪爱或者攻击。呼气不是将不自在排除出去，而是给它透透气，让围绕着它的紧张放松下来，觉知这种不自在是从哪里生起的。

这种修习可以帮助我们培养慈悲，因为我们愿意碰触自身并不引以为豪的那些部分。我们碰触那些我们认为自己不应该有的感受，失败的感受、耻辱的感受、致命的狂怒，所有那些政治上不正确的感受，比如种族歧视、鄙视那些我们认为丑陋或者低人一等的人、性上瘾和恐惧，等等。我们碰触自己所感受的一切，通过吸气和敞开来超越喜恶。然后，我们呼气，放松。我们将这个过程持续一会儿，或者想持续多久就持续多久，与呼吸同步。这个过程有靠近的特质。吸气与靠近几乎是相同的。我们碰触这种感受，如果有帮助的话，就在身体里感受它，吸入这种身体感受。

在这样做的过程中，我们是在把僵固的、惯性反应的、排斥的能量转化成基本的温暖和开放。这听起来充满戏剧性，但它实际上简单而直接。我们只需要吸气，感受我们的情绪，然后呼气，继续感受我们的情绪。这是一种对治我们负面情绪的方法。觉察到负面能量自身并不是问题，只有当我们不能与这股强烈的能量同在并因此失控时，才会产生迷妄。与我们的能量一道活在当下，允许它持续流淌。与我们的能量同在是最大的不侵犯，最大的慈悲。

慈悲安住是一项单独的修行，但它也可以作为施受法（tonglen）的预备阶段。施受法是一种进行接受和送出的修行，它是一项用来对治“自我中心”的古老修行。如同慈悲安住一样，这种修行也是以吸气开始，向各种威胁自我重要感的感受敞开。我们吸入那些通常想要摆脱的情绪。在施受法的呼气过程中，我们送出自己找到的一切愉悦、舒适、意义和满足，我们送出自己为了珍贵的生命通常会紧抓不放的所有感受。

施受法开始时很像慈悲安住。我们吸气时，吸入让自己不自在的一切；呼气时，送出缓解，与呼吸同步。但是施受法的重点始终是解除别人的痛苦。当我们吸入那些让自己感觉不自在的感受时，我们可以这么想：“愿我能全然感受它，以便我和一切众生都不再受苦。”当我们送出安慰时，我们可以这么想：“愿我能全然送出这种满足，以便一切众生都能感到放松，与他们自己和世界都相处得更自在。”换句话说，施受法超越了慈悲安住，因为这种修行包含了众生的痛苦，并希望能够消除这种痛苦。

当你更有勇气体验自己不想要的感受时，施受法就得到了发展。比如，当你发现自己上钩时就吸气，意识到这个感受是众生所共有的，发愿要减轻他们的痛苦，即使最初只是概念上的。当你呼气时，你给每一个人都送去缓解。你的直接感受，你现在感受到的，还只是了解众生的感受的基础。这样施受法就成了一种心的修行，一种内在的修行，它不是头脑的修行，也不是智力练习。

那些有幼小孩子的父母，很自然地就会将孩子放在首位。当小孩生病时，父母亲经常很自然就希望自己能解除孩子的痛苦。如果可以的话，他们会很乐意吸入并带走孩子的痛苦，也会很乐意将缓解呼出来。

建议从类似这样的情形开始练习施受法，这样会相当简单。当你开始为陌生人这么做时，这项修行变得困难起来。当你试着为你不喜欢的人这么做时，就几乎不可能了。你吸入街上一个乞丐的痛苦，并不确定你想要这么做。你怎么会愿意在施受法修行的路上更进一步，吸入你看不起的人的痛苦，并送出缓解呢？从我们目前的观点看，这种要求显得太离谱了，太让人难以接受了，太荒谬了。

这正是施受法修行如此之难的原因所在，我们无法忍受街上那个人或者我们的敌人在我们内心激起的感受。这当然会把我们带回慈悲安住，并与自己做朋友。正是修习施受法，尝试向越来越多的人敞开心扉的过程，让我意识到，如果没有慈悲，当特定的感受被激起时，我总是向他人关上心门。

下次有机会的话，你走出门，尝试为你遇到的第一人做施受法，吸入他们的不自在，送出安乐与关心。如果你在城市里，就请安静地站一会儿，留意任何吸引你视线的人，为他们做施受法。你可以从碰触他们带给你的任何一种感受开始，它可以是厌恶，可以是吸引，甚至可以是中性的无感，把它吸进去，像做慈悲安住那样碰触这种感受，但是要这样想："愿我们都能感受到这些感受，使我们不会向他人关上心门。"当你呼气时，向他们送出幸福和满足。当你遇见一只显然处于困境中的动物或者一个人时，停下来，吸气，愿他们能免于烦恼，呼气时，向他们送出缓解。在最高阶的施受法中，你吸气时，愿自己真的接过他们的烦恼，从而使他们免于烦恼，你呼气时，愿自己真的能给予他们你所有的舒适与自在。换句话说，如果有用的话，你真的愿意处于他们的境地，而让他们处于你的境地。

尝试这样去做，我们就能清楚地知道，自己在什么地方是开放的，在什么地方是封闭的。我们很快就会得知，在试图帮助别人之前，自己在什么地方还只能修习慈悲地与我们迷妄的感受同在，因为很快我们的努力就可能会造成更大的混乱。我知道很多人想成为老师，或者向无家可归的人提供食物，或者开诊所，或者用什么方法真正帮助别人。尽管意图慷慨，他们也许意识不到，如果他们打算和人们密切工作，可能会遇到许多shenpa。他们想帮助的人不见得都会将他们看成救星。实际上，那些人可能会责备他们，让他们不好受。如果老师和各种想帮助别人的人做那些事只是为了壮大自我，那么他们对别人的作用就很有限。实际上，去帮助别人是一种快速戳破自我泡泡的方法。

因此，我们从与自己的感受交朋友，对自己好的旧我生发出温暖开始。慢慢地，非常缓慢地，小心地，非常小心地，我们开始冒一些险，去碰触一些更为困难的感受。这能够带来信任，信任自己有力量而善良，带着尊严和仁慈生活在这个珍贵的世界上，虽然它可能布满地雷。有了这种信任，与他人联结就变得容易起来。当我们在任何危难的情境下都能与自己同在时，还有什么可害怕的呢？其他人可能会在我们内在激起各种感受，我们不必通过反击和封闭来进行自我防卫。无私地帮助别人，毫无机心地帮助别人，是自我帮助的结果。我们感觉到对自己的爱，也因此感觉到对他人的爱。久而久之，那些我们过去感觉分离的事物，越来越融入我们内心。

后记
将这些教诲带到世间

勇气储藏于人类精神的深处。它一直都在那儿，等待着我们去发现。

我的根本上师在自己生命的最后几年，一直在教导创建开悟社会的真正可能性，在那样的社会里，人们对自己无条件地友善，对别人无条件地关怀。当我们努力做这两件事中的任何一件时，就会发现那其实并不容易。对于接纳自己和将别人的福祉放在第一位，遭到的抗拒出乎意料地强烈。不过，他带着热情和信心谈到，我们具有了不起的能力，能够勇敢、开明、温柔，我们具有了不起的能力，能够成为灵性勇士，无所畏惧的人们能够疗愈世间的悲伤。

佛学大师寂天菩萨指出了一条训练灵性勇士的道路。在他的《入菩萨行》中，他阐述了菩萨或者灵性勇士如何通过诚实地看待自己的心和情绪踏上旅程。将别人从迷妄中拯救出来的道路，始于我们愿意毫无欺瞒地接纳自己。

你也许会认为，一项志在使我们能够帮助别人的训练应该只聚焦于别人的需要。但是寂天菩萨的教导大多放在巧妙地处理我们自己的盲点上。在此之前，我们不知道其他人如何感觉，又如何安慰他们。只有意识到我们感受到的悲哀和喜悦与别人感受到的没有什么不同，我们才能慢慢理解别人。就像寂天菩萨指出的，既然世界上的每个人都像我一样感到不安全和痛苦，为什么我只关注自己呢？

本书试图审视我们是如何陷在这种狭隘和自我耽溺之中的。本书也试图将我的上师们教给我如何摆脱困境的知识传给大家。然而写这本书的动机，并不仅是希望我们每个人都能变得更快乐。写这本书的主要用意是，我们也许可以跟随书中的忠告，不只看到自己的福祉，也考虑他人遭受的巨大痛苦和世界的危困。当我们改掉自己的不良习性时，我们同时也在改变社会。我们自己的觉醒和开悟社会的觉醒是交织在一起的。如果我们能够不再有攻击和上瘾冲动，整个星球都会充满喜悦。

为了一切众生，我希望你能加入我们不断成长的社群，我们都是成熟的、发过愿的灵性勇士，来自地球上的每一块大陆。愿我们永不放弃对世界的真正关怀，愿我们的生命成为一个唤醒天生本具的智慧、开放和温暖的训练场，愿这本小书能为此提供一些帮助。就像我的根本上师喜悦地宣布的那样，“我们做得到”！

致　谢

我要感谢帮助我完成本书的各位女性：感谢伊登·斯坦伯格策划了这本书，感谢格伦娜·奥姆斯特德和安吉拉·罗斯的文档整理，感谢玛莎·波辛充满洞见的评论，尤其要感谢我的编辑和朋友桑迪·鲍彻，她如此出色地将手稿组织成了现在的样子。

延伸阅读

Brach, Tara. *Radical Acceptance: Embracing Your Life with the Heart of a Buddha*. New York: Bantam Books, 2003.

Chödrön, Pema. *No Time to Lose: A Timely Guide to the Way of the Bodhisattva*. Boston: Shambhala Publications, 2005.

Kongtrul, dzigar, rinpoche. *It's Up to You: The Practice of Self-Reflection on the Buddhist Path*. Boston and London: Shambhala Publications, 2005.

———. *Light Comes Through: Buddhist Teachings on Awakening to Our Natural Intelligence*. Boston and London: Shambhala Publications, 2008.

Masters, Jarvis Jay. *Finding Freedom: Writings from Death Row*. Junction City, Calif.: Padma Publishing, 1997.

Nagler,Michael N. *The Search for a Nonviolent Future*. Novato, Calif.: New World Library, 2004.

Shantideva, *The Way of the Bodhisattva*. Translated by Padmakara

Translation Group. Boston: Shambhala Publications, 1997.

Trungpa, Chögyam, Rinpoche. *Shambhala: The Sacred Path of the Warrior*. Boston: Shambhala Publications, 1984, 1988.

———. *Great Eastern Sun: The Wisdom of Shambhala*. Boston: Shambhala Publications, 1999.

资　源

如果你想获得禅修指导信息或找到一处离你较近的禅修中心，请联系：

Shambhala International

1084 Tower road

Halifax, NS

Canada B3H 2Y5

phone: (902) 425-4275

fax: (902) 423-2750

website: www.shambhala.org

Shambhala Europe

Annostrasse 27-33

D50678 Köln, Germany

phone: 49-221-31024-10

fax: 49-221-31024-50

e-mail: europe@shambhala.org

Karmê Chöling

369 Patneaude Lane

Barnet, VT 05821

phone: (802) 633－2384

fax: (802) 633－3012

e-mail: karmecholing@shambhala.org

Shambhala Mountain Center

4921 Country road 68C

Red Feather Lakes, CO 80545

phone: (970) 881－2184

fax: (970) 881－2909

e-mail: rmsc@shambhala.org

Gampo Abbey

Pleasant Bay, NS

Canada B0e 2P0

phone: (902) 224－2752

e-mail: office@gampoabbey.org

那洛巴大学是北美唯一一所有资质的佛学院。需要更多信息，请联系：

Naropa University

2130 Arapahoe Avenue

Boulder, CO 80302

phone: (303) 444-0202

website: www.naropa.edu

若需要佩玛·丘卓的讲话、讲习会音频和录影带，请联系：

Great Path Tapes and Books

330 East Van Hoesen Boulevard

Portage, MI 49002

phone: (269) 384-4167

fax: (425) 940-8456

e-mail: gptapes@aol.com

website: www.pemachodrontapes.org

Kalapa Recordings

1084 Tower Road

Halifax, NS

Canada B3H 2Y5

phone: (902) 420−1118, ext. 19

fax: (902) 423−2750

e-mail: shop@shambhala.org

website: www.shambhalashop.com

Sounds True

735 Walnut Street

Boulder, CO 80302

phone: (800) 333−9185

website: www.soundstrue.com

佩玛·丘卓基金会

本书的所有收益归佩玛·丘卓基金会所有。佩玛·丘卓基金会资助佩玛自己的寺院甘波修道院以及僧侣传统在西方的发展。僧侣生活基于一种团体训练，这个团体里的其他人致力于唤醒尊严和智慧，这种尊严和智慧是所有人类的遗产。

想要了解更多的信息，或免税捐赠，请访问 www.pemachodronfoundation.org/how-to-help。捐赠也可寄至：

The Pema Chödrön Foundation

P.O. Box 770630

Steamboat Springs, CO 80477

佩玛·丘卓的著作和音频

著作

Always Maintain a Joyful Mind: And Other Lojong Teachings on Awakening Compassion and Fearlessness

《常保喜乐心：关于唤醒同情和无畏的其他娄炯教义》

佩玛·丘卓在本书中介绍了 59 种核心教义（在藏语中称为“娄炯”），并提供了如何使它们成为我们日常生活一部分的指导。随书附赠一段 45 分钟的音频，名为《打开心扉》。佩玛·丘卓在音频文件中提供了施受法修行的完整指导，施受法修行是一种任何人都能采取的有效的修行方式，能够唤醒对自己和他人的慈悲。

Awakening Loving-Kindness

《唤醒慈悲》

节选自《不逃避的智慧》，小口袋书，可放在钱包、公文包和外套口袋中，适合随身携带。这本启迪人心的轻便小书，阐述了如何保持全然的醒觉以及如何运用日常生活丰富的素材作为我们主要的上师和向导。

Comfortable with Uncertainty: 108 Teachings on Cultivating Fearlessness and Compassion

《与无常共处：108篇生活的智慧》

本书提供了简洁卓越的见地，意在帮助我们在日常生活的挑战中培养慈悲与觉知。本书不仅是一部现代思想集，还提出了一份渐进式的灵性学习计划，引领读者穿越修佛道路上的核心概念、主题和修行。

No Time to Lose: A Timely Guide to the Way of the Bodhisattva

《生命不再等待》

佩玛·丘卓在本书中阐述了引导她自己人生的传统佛教教义：这些教义来自《入菩萨行》（梵语为Bodhicharyavatara），一本8世纪时的圣人寂天菩萨所写的著作。这本宝贵的佛学著作与我们当今的时代密切相关，书里描述了我们可以采取什么步骤来培养勇气、关怀和喜乐，它们是疗愈我们自身和我们这个危困世界的良药。

The Places That Scare You: A Guide to Fearlessness in Difficult Times

《转逆境为喜悦：与恐惧共处的智慧》

我们永远都可以选择。佩玛·丘卓的教导是：我们可以让生活的环境把自己变得冷酷，日益愤恨和恐惧，也可以让环境把自己变得柔软而友善。当我们处于困境中时，永远都能够得到智慧的帮助，但我们常常因为植根于恐惧的惯常模式而将之推开。在那种恐惧之外，还存在着一种坦率与柔软。这本书教导我们如何唤醒我们的本初善，与他人联结，完全接受我们自身和别人的错误和缺点。

The Pocket Pema Chödrön

《佩玛·丘卓口袋书》

本书是深受爱戴的比丘尼佩玛·丘卓的畅销书《与无常共处：108 篇生活的智慧》的精选集。这本精选集意在提供持续的鼓舞，指导我们勇敢地挣脱有害模式的束缚，从日常生活中培养耐心、仁慈和喜乐，释放出我们天生本具的温暖、智慧和良善。

Practicing Peace in Times of War

《在战争年代修习平和》

“战争与和平始于每个人的内心。”佩玛·丘卓如是断言。

她清晰地解释了我们回应日常生活的挑战的方式决定了两者间的不同：是固化一种暴力意识，还是创造一种新的慈悲文化。佩玛·丘卓在书中强调，当我们每个人开始在自己的行为以及自己思想和行动的惯性层面上为和平而努力时，世界也会开始改变。她告诉我们，向内审视和发现新的生活方式永远都不会太晚。

Start Where You Are: A Guide to Compassionate Living

《从你所在之处出发：慈悲生活指南》

本书是在日常生活中培养无畏、唤醒慈悲必不可少的指南。佩玛·丘卓围绕着 59 句传统的藏传佛教格言来展开她的教诲，这些格言包括："永远让心灵处于喜乐的状态"，"永远思考引起怨恨的事物"。

When Things Fall Apart: Heart Advice for Difficult Times

《当生命陷落时：与逆境共处的智慧》

本书的智慧来自传统佛教，书里提供了对治痛苦和艰难人生的方法，这些建议直抵本质且富有慈悲。佩玛指出，只有一种接近苦难的方法具有永恒的益处，这种方法包括带着友善和好奇贴近让人苦恼的情境。本书的内容包括如何利用痛苦的情绪来培养智慧、慈悲和勇气，如何以一种会导向开放和真正亲密的方式与别人交流，以及如何扭转惯常的消极模式。

The Wisdom of No Escape: And the Path of Loving-Kindness

《不逃避的智慧：通往慈悲之路》

本书讲述如何接纳所有的生命形态，拥抱喜乐、苦难、光明和混乱的强力混合物，它们构成了人类体验。佩玛·丘卓向我们展示了在生命的起起落落中保持“不逃避”的状态的深远价值。

音频

Don't Bite the Hook: Finding Freedom from Anger, Resentment, and Other Destructive Emotions

《不要自投罗网：从愤怒、怨恨和其他具有破坏性的情绪中解脱出来》

这是一次周末静修音频，佩玛通过佛教教义向我们揭示了如何将生命中不可避免的打击、失败和挫折变得具有建设性，找到真正的幸福。佩玛解释说，关键是不要像我们惯常反应的那样去咬“钩”。

Practicing Peace in Times of War: Four Talks

《在战争年代修习平和》

《在战争年代修习平和》一书是根据佩玛·丘卓的数次公开演讲整理而成的，现在我们自豪地在这个音频版本里将这些演讲呈现给你们。这是一部简短、精炼而又意义深远的作品，它的内容包括一些实用性方法，使我们能够在生活的混乱和挑战中培养和平与慈悲的种子。

Start Where You Are

《从你所在之处出发》

佩玛·丘卓以深刻的洞见和幽默指导我们如何将接纳自己的缺点、全身心地拥抱自己作为培养慈悲的首要因素。佩玛通过 59 句藏传佛教的格言，告诉我们如何培养勇气来面对内在的伤痛，从而发现丰沛的自由、安宁和信心。

This Moment Is the Perfect Teacher

《当下是最完美的老师》

娄炯是藏传佛教一种有效的修行方式，它主要是为训练大脑与日常生活的协同运作而创造的。它教导我们如何让心变柔软，改变对困难的态度，允许自己找到内在力量的源泉。在这个音频中，佩玛·丘卓介绍了娄炯教义，并阐述了我们可以在人生的任何情境下运用这些教义，因为就像佩玛·丘卓所说的那样，“任何时刻都是觉醒的机会”。

When Things Fall Apart

《当生命陷落时》

这本有声读物由深受人们喜爱的同名著作删选而成，它提供了对治痛苦和艰难人生的方法，这些建议直抵本质且富有慈悲。佩玛朗读的内容包括如何利用痛苦的情绪来培养智慧、慈悲和勇气，如何以一种会导向开放和真正亲密的方式与别人交流，以及如何扭转惯常的消极模式。

The Wisdom of No Escape

《不逃避的智慧》

就像他们所说的那样，我们只有先爱自己才能爱他人，只有停止在痛苦中奔跑，我们才能经历真正的喜乐。理解这些公认的真理的关键是要在任何情境下对生命保持开放，佩玛·丘卓在这里向我们指出了如何才能做到这一点。